高等学校规划教材

数据库系统概论
（国产数据库）

张之明　赵　睿　王　凯　武国斌　秦　乐
赵晨洁　蔡悟洋　郑利红　邱晓华　　　编著

西北工业大学出版社
西安

【内容简介】 本书主要包括引言、关系数据库基础、达梦数据库概述、DM_SQL 概述、数据库对象管理、查询管理、视图与索引、存储模块与触发器、数据库安全性、数据库恢复技术、并发控制技术、分布式数据库系统、非关系型数据库以及数据库设计等。

本书可作为高等院校计算机科学与技术相关专业学生的教材。

图书在版编目(CIP)数据

数据库系统概论:国产数据库/张之明等编著. —
西安:西北工业大学出版社,2022.10
ISBN 978 - 7 - 5612 - 8486 - 5

Ⅰ.①数… Ⅱ.①张… Ⅲ.①数据库系统-高等学校
-教材 Ⅳ.①TP311.13

中国版本图书馆 CIP 数据核字(2022)第 192627 号

SHUJUKU XITONG GAILUN (GUOCHAN SHUJUKU)
数 据 库 系 统 概 论(国 产 数 据 库)

张之明	赵 睿	王 凯	武国斌	秦 乐		
赵晨洁	蔡悟洋	郑利红	邱晓华		编著	

责任编辑:陈 瑶		策划编辑:华一瑾	
责任校对:张 友		装帧设计:李 飞	
出版发行:西北工业大学出版社			
通信地址:西安市友谊西路 127 号		邮编:710072	
电 话:(029)88493844,88491757			
网 址:www.nwpup.com			
印 刷 者:陕西天意印务有限责任公司			
开 本:787 mm×1 092 mm		1/16	
印 张:14.75			
字 数:359 千字			
版 次:2022 年 10 月第 1 版		2022 年 10 月第 1 次印刷	
书 号:ISBN 978 - 7 - 5612 - 8486 - 5			
定 价:68.00 元			

如有印装问题请与出版社联系调换

前　言

数据库技术在20世纪60年代末70年代初产生并发展起来,如今已广泛应用于计算机领域。数据库具有数据结构化、冗余度小、程序与数据库独立性高、易于扩充等特点,绝大多数的程序和应用都涉及数据库,以数据库方式存储数据。

随着数据库的普及以及多年的技术积累,国内诞生了一批成熟的、具有完全自主知识产权的数据库管理系统,其中,达梦数据库管理系统就是常用的一个。达梦数据库管理系统已广泛应用于公安、电力、铁路、航空、审计、通信、金融、海关、国土资源、国防等多个行业领域,为国家信息化建设提供了软件支撑,有效维护了国家信息安全。本书主要以达梦数据库为例,讨论关系型数据库的基本原理及应用。

本书不仅涵盖了数据库系统的组成、关系模型、结构化查询语言(SQL)、数据规范化、数据库设计、数据库安全性、数据库恢复、并发控制等数据库基本原理,还包含了分布式数据库、非关系型数据库等数据库新兴发展技术。

本书第1章由张之明、赵睿撰写,第2章由张之明、赵晨洁撰写,第3章由张之明、王凯撰写,第4章由赵晨洁撰写,第5章由王凯撰写,第6章由武国斌、赵晨洁撰写,第7章由武国斌、蔡悟洋撰写,第8章由武国斌、秦乐撰写,第9章由秦乐撰写,第10章由郑利红、蔡悟洋撰写,第11章由赵睿撰写,第12章由邱晓华、王凯撰写,第13章由赵睿撰写,第14章由蔡悟洋撰写,全书由王凯、赵睿统稿。

在编写本书的过程中参考了相关文献、资料,在此对其作者深表谢意。

尽管编写力求准确、完善,但由于数据库理论和技术发展迅速,书中难免存在一些不足,恳请学界同人批评指正。

编著者

2022年5月

目　　录

第1章　引言 ……………………………………………………………… 1

1.1　数据库概述 ………………………………………………………… 1

1.2　数据模型 …………………………………………………………… 6

1.3　数据库系统结构 …………………………………………………… 9

习题 ……………………………………………………………………… 11

第2章　关系数据库基础 ……………………………………………… 12

2.1　关系数据模型 ……………………………………………………… 12

2.2　关系模型的完整性规则 …………………………………………… 18

2.3　关系代数 …………………………………………………………… 19

习题 ……………………………………………………………………… 26

第3章　达梦数据库概述 ……………………………………………… 28

3.1　国产数据库的现状与发展 ………………………………………… 28

3.2　达梦数据库安装环境及部署 ……………………………………… 31

习题 ……………………………………………………………………… 52

第4章　DM_SQL 概述 ………………………………………………… 53

4.1　DM_SQL 简介 ……………………………………………………… 53

4.2　DM_SQL 语言常用元素 …………………………………………… 55

4.3　DM_SQL 控制流语句 ……………………………………………… 65

4.4　用户自定义函数 …………………………………………………… 74

习题 ……………………………………………………………………… 77

第5章　数据库对象管理 ……………………………………………… 78

5.1　数据库的创建与管理 ……………………………………………… 78

    5.2   模式的创建与管理 ·· 85

    5.3   表空间的创建与管理 ·· 89

    5.4   数据表的创建与管理 ·· 92

    习题 ·· 101

第 6 章   查询管理 ·· 102

    6.1   单表查询 ·· 102

    6.2   排序操作 ·· 106

    6.3   聚集函数 ·· 107

    6.4   分组查询 ·· 107

    6.5   多表查询 ·· 108

    6.6   集合查询 ·· 112

    6.7   嵌套查询 ·· 114

    习题 ·· 117

第 7 章   视图与索引 ·· 118

    7.1   视图 ·· 118

    7.2   索引 ·· 122

    习题 ·· 126

第 8 章   存储模块与触发器 ··· 127

    8.1   存储模块 ·· 127

    8.2   触发器 ·· 137

    习题 ·· 143

第 9 章   数据库安全性 ··· 144

    9.1   数据库安全性概述 ··· 144

    9.2   数据库安全性控制 ··· 146

    9.3   视图机制 ·· 157

    9.4   审计 ·· 158

    9.5   数据加密 ·· 159

    习题 ·· 161

第 10 章   数据库恢复技术 ·· 162

    10.1   事务的特性 ·· 162

10.2　数据库恢复实现技术 ·· 163

10.3　恢复策略 ··· 165

10.4　数据库镜像 ·· 166

习题 ··· 167

第 11 章　并发控制技术 ··· 168

11.1　并发控制概述 ··· 168

11.2　封锁 ··· 171

11.3　死锁 ··· 173

习题 ··· 176

第 12 章　分布式数据库系统 ·· 177

12.1　分布式数据库和分布式数据库系统 ······························ 177

12.2　分布式数据库管理系统体系架构 ·································· 181

12.3　分布式数据库的设计与存储 ·· 185

12.4　分布式查询处理 ·· 188

习题 ··· 192

第 13 章　非关系型数据库 ·· 193

13.1　NoSQL 的概念 ·· 193

13.2　NoSQL 数据库存储模式 ·· 196

13.3　NoSQL 的数据一致性 ··· 202

习题 ··· 205

第 14 章　数据库设计 ·· 206

14.1　数据库设计概述 ·· 206

14.2　需求分析 ·· 209

14.3　概念结构设计 ··· 215

14.4　逻辑结构设计 ··· 218

14.5　数据库的物理设计 ·· 222

习题 ··· 227

参考文献 ··· 228

第 1 章 引 言

数据库技术产生于 20 世纪 60 年代末 70 年代初，主要研究如何科学地组织和存储数据，如何高效地获取和处理数据。随着计算机硬件和软件的发展，数据库技术也在不断地发展。数据库技术在理论研究和系统开发上都取得了辉煌的成就。

本章重点讲解数据库的基本概念、数据模型、数据库模式，并介绍常见的国产数据库管理系统，引领大家进入数据库的课堂。

1.1　数据库概述

首先介绍数据库的基本概念和术语。

1.1.1　数据库的基本概念

1. 数据（Data）

数据是指对客观事件进行记录并可以鉴别的符号，是对客观事物的性质、状态以及相互关系等进行记载的物理符号或这些物理符号的组合。数据是事实或观察的结果，是对客观事物的逻辑归纳，是用于表示客观事物的未经加工的原始素材。

数据不仅指狭义上的数字，还可以是文字、字母、数字符号的组合，以及图形、图像、视频、音频等。在计算机科学中，数据是所有能输入计算机并被计算机程序处理的符号的介质的总称，是用于输入电子计算机进行处理，具有一定意义的数字、字母、符号和模拟量等的通称。计算机存储和处理的对象十分广泛，表示这些对象的数据也随之变得越来越复杂。在计算机系统中，数据以二进制信息单元 0、1 的形式表示。

数据的表现形式还不能完全表达其内容，需要经过解释。比如 95 是一个数据，可以表示 1995 年，可以表示一名学生的体重是 95 斤（1 斤＝0.5 kg），还可以表示数据库课程的成绩是 95 分。数据的解释是指对数据含义的说明，数据的含义是指数据的语义，数据与数据的语义是不可分的。

2. 信息（Information）

信息是指具有一定含义的、经过加工的、对决策有价值的数据。信息只有通过数据形式表示出来才能为人所理解。数据要经过提炼、总结才能得到信息。信息与数据的关系：数据是信息的符号表示,是信息的载体;信息是数据的内涵,是对数据的语义解释。数据处理是将数据转换为信息的过程。

3. 数据库(Data Base,DB)

数据库是指长期存储在计算机内的、有组织的、可共享的数据集合。数据库可以理解为存储数据的仓库。这个仓库是在计算机存储设备上,而且数据是按一定的格式存放的。收集并抽取一个应用所需要的大量数据之后,将其保存起来,以供进一步加工处理,抽取有用信息。数据库中的数据按一定的数据模型组织、描述和存储,具有尽可能小的冗余度、较高的数据独立性和易扩展性,并可为各种用户共享。

数据库有如下特点:

(1)数据结构化。一个或多个数据文件组成一个数据库。数据库中的数据是有结构的。

(2)数据共享。不同的用户可以共用数据库中的数据,从而提高数据的利用率。

(3)数据的独立性。数据的独立性包括数据库中数据的逻辑结构和应用程序相互独立,也包括数据物理结构的变化不影响数据的逻辑结构。

(4)数据的一致性与正确性。在处理数据的过程中,必须保证数据有效、正确,避免由于意外事故与非法操作导致数据不一致。数据库主要有以下四方面的控制:①安全性控制,防止数据丢失、错误更新和越权使用。②完整性控制,保证数据的正确性、有效性和相容性。③并发控制,在同一时间周期内,既允许对数据实现多路存取,又能防止用户之间的不正常交互。④故障的发现和恢复,由数据库管理系统提供一套方法,可及时发现故障和修复故障,从而防止数据被破坏。

4. 数据库管理系统(DataBase Management System,DBMS)

了解了数据和数据库的概念,下面的问题就是如何科学地组织和存储数据,如何高效地获取和维护数据。数据库管理系统就是位于用户与操作系统之间的对数据进行高效管理的系统软件,包括存储、管理、检索和控制数据库中数据的各种语言和工具,是一套系统软件。

数据是以一定的物理形式存储在数据库中的。如果让用户直接访问这种物理形式的数据,势必要求用户了解许多实现的细节,而且应用程序将依赖于数据的物理结构,破坏了数据的独立性。数据库管理系统可以为用户隐藏这些细节,使用户看到的数据和他们平常所用的数据一样。这种建立在某个抽象层面的隐藏物理存储细节的数据被称为数据的逻辑形式。通过数据库管理系统,数据的物理形式和逻辑形式能够互相映射。数据库管理系统的主要功能包括以下几个方面:

(1)数据定义功能。DBMS 提供数据定义语言(Data Definition Language,DDL),对数据库中的数据对象进行定义,定义相关的数据库系统的结构和有关的约束条件。DDL 主要用于建立、修改数据库的结构,给出数据库的框架。数据库的框架被存放在数据字典(Data Dictionary)中。

(2)数据操作功能。DBMS 提供数据操作语言(Data Manipulation Language,DML),

实现对数据的插入、删除、更新和查询等操作。

（3）数据库的运行管理功能。DBMS 对数据库的建立、运行、维护进行统一管理和控制，以保证数据安全、正确、有效地运行。DBMS 主要通过数据的安全性控制、完整性控制、多用户应用环境下的并发性控制和数据库系统的备份与恢复四个方面来实现对数据库的统一控制功能。

（4）数据组织、存储和管理功能。DBMS 要分类组织、存储和管理各种数据，包括数据字典、用户数据、数据的存储路径等，确定以何种文件结构和存取方式在存储级上组织这些数据，如何实现数据之间的联系。数据组织和存储的基本目标是提高存取空间利用率，选择合适的存取方法以提高存取效率。

（5）数据库的建立和维护功能。这包括数据库初始数据的输入、转换功能，数据库的转储、恢复功能，数据库的组织重建、性能监视、分析功能等。这通常是由一些实用程序或管理工具完成的。

（6）通信功能。DBMS 要能够与网络中其他软件系统进行通信，负责处理数据的传送，进行数据库之间的互操作。

由于数据库软件的开发需要巨大的资金和研发力量的投入，我国自主研发的难度较大，长期以来，国内的绝大部分市场份额一直由 Oracle、SQL Server、DB2、Sybase 等国外产品所占据。但无论从国家信息安全，还是从国家软件产业发展的角度考虑，数据库软件的国产化都有其重要意义。目前比较热门的国产数据库管理系统产品有 TiDB、openGuass、Ocean-Base、达梦、GuassDB、PolarDB、GBase、TDSQL、KingBase、Shen Tong 等。

5. 数据库系统（DataBase System，DBS）

数据库系统是指在计算机系统中引入数据库后的系统的构成，是一个计算机系统。该系统的目标是存储信息并支持用户检索和更新所需要的信息。数据库系统由应用程序、数据库管理系统、数据库和数据库管理员构成，如图 1.1 所示。其中，应用程序是指以数据库为基础的各种应用程序，必须通过 DBMS 访问数据库。数据库管理员（DataBase Administrator，DBA）是对数据库进行规划、设计、协调、维护和管理的人员。

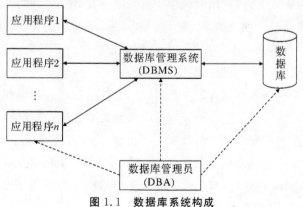

图 1.1 数据库系统构成

1.1.2　数据管理技术的产生和发展

数据库技术随着数据应用和需求的变化而不断发展。数据管理技术随着计算机硬件和软件技术的发展也在不断发展。半个多世纪以来,数据管理技术经历了三个发展阶段,分别是人工管理阶段、文件系统管理阶段、数据库系统管理阶段。

1.人工管理阶段

20 世纪 50 年代中期以前,计算机主要用于科学计算:从计算机硬件来看,没有磁盘等直接存取的存储设备;从计算机软件来看,没有操作系统和各种工具软件。计算机的程序和数据是合为一体的,数据由计算机或处理它的程序自行携带,数据和应用程序一一对应,数据的组织方式必须由程序员自行设计与安排。人工管理阶段的数据管理具有以下 4 个特点:

(1)数据不能长期保存。当时计算机主要用于科学计算,用户对于数据保存的需求尚不迫切。

(2)数据由应用程序管理。没有对数据进行管理的软件系统,应用程序不仅要考虑数据的逻辑结构,还要设计其存储结构、存储方法和输入/输出方式。

(3)数据不共享。数据是面向程序的,一组数据只能对应一个程序,多个应用程序涉及某些相同的数据时也必须各自定义,因此程序间有大量的数据冗余。

(4)数据不具有独立性。数据与程序不具有独立性。程序依赖于数据,如果数据的类型、格式、输入/输出方式等发生变化,也必须对应用程序做出相应的修改。

这种管理方式既不灵活,也不安全,编程效率很低。

2.文件系统管理阶段

20 世纪 50 年代后期至 60 年代中期,计算机不仅用于科学计算,还大量用于信息管理,因而大量的数据存储、检索和维护成为紧迫的需求,在硬件方面计算机有了磁盘等直接存取的存储设备;在软件方面,操作系统中已经有了专门用于管理数据的软件——文件管理系统。把有关的数据组织成文件,可以脱离程序而独立存在,由专门的文件管理系统实施统一管理。文件管理系统是一个独立的系统软件,是应用程序与数据文件之间的接口,应用程序通过文件管理系统对数据文件中的数据进行加工处理。文件系统管理阶段的数据管理具有以下 4 个特点:

(1)数据可以长期保存在磁盘上。数据可以以文件的形式长期保存在外存储器中。

(2)数据由文件系统管理。操作系统中的文件系统对数据进行统一管理,用户可以随时对文件进行查询、修改和增删等处理。数据文件由记录组成,数据的存取以记录为单位,按文件名访问,数据的逻辑结构由使用数据的应用程序掌握(例如 C 语言程序中,可以通过定义数据文件的方式定义文件结构,可打开、插入、删除、查询、关闭文件等)。

(3)数据共享性差、冗余度大。在文件系统中,一个或一组文件基本对应一个应用程序,即文件是面向应用的。当不同的应用程序具有部分相同的数据时,也必须建立各自的文件,而不能共享相同的数据,因此数据的冗余度大,浪费存储空间。同时相同数据的重复存储、各自管理由于容易造成数据的不一致,给数据的修改和维护带来困难。

(4)数据独立性差。数据具有一定的独立性,但独立性仍然较差。数据和程序相互依赖。因为文件系统中的文件是为某一特定应用服务的,文件的逻辑结构是针对具体应用来设计和优化的,当数据的逻辑结构发生变化时,应用程序中文件结构的定义必须修改,对数据的使用也要改变。

3.数据库系统管理阶段

20 世纪 60 年代后期,计算机主要用于管理的需求越来越大,数据量急剧增加,人们对数据的共享要求越来越高,传统的文件系统已经不能满足人们的需求,能够统一管理和共享数据的数据库管理系统应运而生。

数据库系统管理方式产生的背景是阿波罗飞船登月计划的需求。当时,需要协调分散在全球制造的 200 万个阿波罗飞船零部件生产进度,而文件系统在分散管理方面效率极低,因此,各国纷纷开展研究,进行数据建模、数据模型研究与实现的探索,开发出一种全新的、高效的数据管理技术——数据库技术。这一时期,计算机硬件方面出现了大容量磁盘,使计算机联机存取大量数据成为可能,软件方面价格上升,使开发和维护系统的成本增加。数据库系统管理阶段,数据管理具有以下 4 个特点:

(1)数据的结构化。人工管理阶段,数据没有结构;文件系统管理阶段,数据文件是等长格式的记录的集合,记录内部有结构,记录之间无联系;数据库系统管理阶段实现了整体数据结构化,数据不再仅仅针对某一应用,而是面向整个组织或企业,不但记录内部结构化,而且记录之间建立了关联,数据存取时,可以是一个记录、一组记录、一个数据项,而文件系统只能是记录,不能细分到数据项。在数据库系统中,记录的结构和记录之间的联系由数据库管理系统维护,从而减轻了程序员的工作量,提高了工作效率。

(2)数据共享性高、冗余度小、易扩充。数据库系统从整体角度看待和描述数据,数据面向整个系统,可以被多个用户、多个应用共享使用。数据共享的好处是减少数据冗余,节约存储空间,避免数据之间的不相容与不一致,使系统易于扩充。每个应用选用数据库的一个子集,只要重新选取不同子集或者加上一小部分数据,就可以满足新的应用需求,这就是易扩充性。

(3)数据独立性高。数据的物理结构和逻辑结构发生变化时,不影响应用程序对数据的使用。独立性由 DBMS 的二级映像功能来保证,包括数据的物理独立性和逻辑独立性。

(4)数据由数据库管理系统统一管理和控制。为保证数据的安全性和共享性,DBMS必须提供以下几方面的数据控制功能:①数据的安全性保护,对访问数据库的用户进行身份及其操作合法性检查,保证数据库中数据的安全。②数据的完整性检查,检查数据的正确性、有效性和相容性,保证数据符合完整性约束条件。③并发控制,有效控制多个用户程序同时对数据库数据进行操作,保证共享及并发操作。④数据库恢复,当数据库遭到破坏时

DBMS 能自动使数据从错误状态恢复到正确状态。

1.2 数 据 模 型

现实世界中的客观事物是相互联系的。客观事物的这种普遍联系性决定了作为事物属性记录符号的数据与数据之间也存在一定的联系。具有联系性的相关数据总是按照一定的组织关系排列,从而构成一定的结构。对这种结构的描述就是数据模型。计算机不能直接处理现实世界中的具体事物,所以人们必须事先将具体事物转换成计算机能够处理的数据,就是数据库的数据模型。不同的数据模型实际上是提供给我们模型化数据和信息的不同工具。现在的数据库均是基于某种数据模型的,数据模型是数据库系统的核心和基础。

计算机信息处理的对象是在现实生活中的客观事物。在对客观事物实施处理的过程中,首先要经历了解、熟悉的过程,从观测中抽象出大量描述客观事物的信息,再对这些信息进行整理、分类和规范,进而将规范化的信息数据化,最终由数据库系统存储、处理。这一过程要涉及 3 个世界,即现实世界、信息世界、机器世界,并经历 2 次抽象和转换,如图 1.2所示。

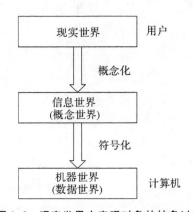

图 1.2 现实世界中客观对象的抽象过程

现实世界是人们所能看到的、接触到的世界,是存在于人脑之外的客观世界。现实世界中的事物是客观存在的,事物与事物之间的联系也是客观存在的。信息世界是现实世界在人们头脑中的反映,又称概念世界。现实世界是物质的,相对而言信息世界是抽象的。机器世界又叫数据世界,是信息世界中的信息数据化的产物。现实世界中的客观事物及其联系在机器世界中以数据模型描述。相对于抽象的信息世界,机器世界是量化的、物化的。

将现实世界的数据用数据模型描述的过程被称为数据建模。从现实世界到概念模型的转换是由数据库设计人员完成的;从概念模型到逻辑模型的转换可以由数据库设计人员完成,也可以用数据库设计工具协助设计人员完成;从逻辑模型到物理模型的转换主要是由数据库管理系统完成的。不同的数据模型是提供给人们模型化数据和信息的不同工具。

1.2.1　概念数据模型

概念数据模型(Conceptual Data Model),简称概念模型,是面向数据库用户的现实世界的模型,主要用来描述世界的概念化结构,是数据库设计人员和用户之间进行交流的有效工具。它使数据库的设计人员在设计的初始阶段,摆脱计算机系统及 DBMS 的具体技术问题,集中精力分析数据以及数据之间的联系,常用的概念数据模型是 E-R(实体–关系)模型。

E-R 模型中有 3 个非常重要的抽象概念,分别是实体、属性、联系。这是 E-R 模型的三大要素。

1. 实体(Entity)

数据库中的数据是用于描述现实世界的,而现实世界中的事物是各种各样的,有具体的,也有抽象的,有物理上存在的,也有概念性的。比如,一名学生,一位老师,一门课程,一份工作。这些被描述的对象的共同特征是可以互相区别,否则就会被认为是同一个对象。凡是可以相互区别,可以被人们识别的事、物、概念等都被称为实体。具有共性的一类实体可以被划分为一个实体集(Entity Set)。比如,一个班级的学生张华、李丽等是具有共性的,都是学生,可以称为一个学生实体集。这个班级的所有学生都是这个集合的成员。描述每名学生的内容是一样的,包括学号、姓名、性别、出生日期、所在院系等,但每个学生在这些描述项上的具体取值是不一样的。因此,在 E-R 模型中,有型和值之分。实体集是型,每个实体是它的实例,对具体实例的描述被称为实体的值。

2. 属性(Attribute)

用于描述实体的若干特征,即实体的属性。比如,描述学生可以通过学号、姓名、性别、出生日期等属性。每个属性都有其取值范围,即值域。在同一实体集中,每个实体的属性及属性的值域是相同的,但具体的取值可以不同。

属性可以是单域的简单属性,也可以是多域的组合属性。组合属性中还允许包括其他组合属性,比如通信地址属性还可包括省、市、区、街道、详细地址、邮政编码等属性,通信地址属性可看作是组合属性。同时,属性可以是单值的,也可以是多值的,比如一个人取得的学位可能是多值的。能够唯一标识实体的属性或属性组合,被称为实体的码或者键(Key)。

3. 联系(Relationship)

现实世界中的事物和事物之间都是有关系的,对应到概念数据模型中,实体和实体之间也是存在关系的,实体与实体之间的关系抽象为联系。比如学生实体和课程实体之间有选课的联系,老师实体和学生实体之间有授课的联系。实体型和实体型之间的二元联系有一对一、一对多和多对多等多种类型。同时,多个实体型之间也可能存在联系。

E-R 图(E-R Diagram)可以直观地表示 E-R 模型。在 E-R 图中:矩形框表示"实体型",框内写实体名称;椭圆框表示"属性",框内写属性名称,用无向边将其与实体连接;菱形框表示"联系",框内写联系名称,用无向边将其与相关实体型连接。

【例 1.1】　为"学生选课系统"设计 E-R 模型。其中,学生选课系统涉及以下几个实体:

学生实体,其属性有学号、姓名、性别、出生年月、院系、入学时间;院系实体,其属性有院系编号、院系名称;课程实体,其属性有课程编号、课程名称、学分。一个院系可以有多个学生,一个学生只能属于一个院系,因此院系和学生之间是一对多的联系;每个学生可以选修多门课程,每门课程可以被多个学生选修,因此学生和课程之间是多对多的联系。其 E-R 图如图1.3 所示。

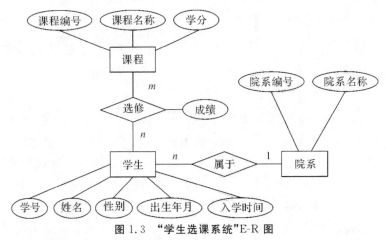

图 1.3 "学生选课系统"E-R 图

1.2.2 逻辑数据模型

概念数据模型是对现实世界的数据描述。这种数据模型最终要转换成计算机能实现的数据模型,也就是说,需要将概念数据模型中所描述的实体及实体之间的联系转换成表示数据及数据之间逻辑联系的结构形式,即逻辑数据模型(Logical Data Model)。逻辑数据模型是对现实世界的第二次抽象,直接面向数据库。本节主要介绍层次数据模型、网状数据模型和关系数据模型这三种逻辑数据模型。

1. 层次数据模型

现实世界中许多实体之间的联系本来就呈现出一种很自然的层次关系,如行政机构、家族关系等。层次模型是数据库系统中最早出现的数据模型,在 20 世纪 60 年代末 70 年代初流行过。最有代表性的是 IBM 公司的 IMS(Information Management System,信息管理系统)数据库管理系统。这是 1968 年 IBM 公司推出的第一个大型的商用数据库管理系统。

层次模型中,实体型用记录类型描述。记录是用来描述某个事物或事物间关系的命名的数据单位,也是存储的数据单位。每个结点表示一个记录类型。属性用字段描述,每个记录类型可包含若干个字段。记录类型之间的联系用结点之间的连线(有向边)表示。这种联系是父子之间的一对多的联系,使得层次数据库系统只能处理一对多的实体联系。图 1.4描述了学院的层次数据模型,其中包括学院、教研室、教学班、教师、学生五个记录型,每个记录型由多个字段构成。学院为层次模型中的根结点,有教研室和教学班两个子女结点。通过该层次模型的结构图可以看出,层次模型适合于表达两个记录型之间的 $1:n$ 联系,在表达多元关系时会引起数据冗余问题。

图 1.4　学院层次数据模型

2. 网状数据模型

网状数据模型适用于层次的和非层次结构的事物。1964 年美国通用电气公司Bachman等人开发的 IDS(Integrated Data Store,集成数据存储)是网状数据库的代表性产品。

网状数据模型基于网状结构,放宽了层次模型的限制,允许一个结点有多个双亲结点、多个结点没有双亲结点,还允许两个结点之间有多种联系。在关系数据模型之前,网状DBMS 比层次 DBMS 要更普遍。

层次数据模型和网状数据模型是从过去应用程序处理数据时所用的数据结构概括而来的,虽然从集中和共享的角度来说,这两种数据模型已经达到要求,但是用户访问数据的抽象级别还不够高,数据独立性也不够高,用户还是需要熟悉数据库中的各种路径,需要有较强的应用数据库的技巧。

3. 关系数据模型

1970 年,美国 IBM 公司的研究员 E. F. Codd 提出了关系数据模型,以关系或称二维表作为描述数据的基础,奠定了关系数据库的理论基础。关系数据模型有严格的数学基础,抽象级别较高,简单清晰,便于理解和使用。在当时众多的关系数据库模型中,功能最全面、最有代表性的是 IBM 公司的 System R 和加州大学伯克利分校的 INGRES,它们提供了比较成熟的关系数据库技术。IBM 公司在 System R 的基础上先后推出了 SQL/DS 和 DB2 两个商业化的 DBMS。INGRES 也由 INGRES 公司推出商业化产品。20 世纪 80 年代以来,计算机厂商推出的数据库管理系统几乎都支持关系模型。本书将在第 2 章详细介绍关系模型和关系数据库。

1.3　数据库系统结构

从数据库管理系统角度看,数据库系统通常采用三级模式结构。美国国家标准协会(American National Standard Institute, ANSI)下属的标准规划与需求委员会(Standards Planning And Requirements Committee, SPARC)提出的 ANSI-SPARC 体系结构是 DBMS的抽象设计标准,商业 DBMS 产品大多依据这个体系结构来设计,如图 1.5 所示。在这里,要注意区分数据模型和数据模式的概念。数据模型是描述数据的手段,数据模式是给定数据模型对具体数据的描述。

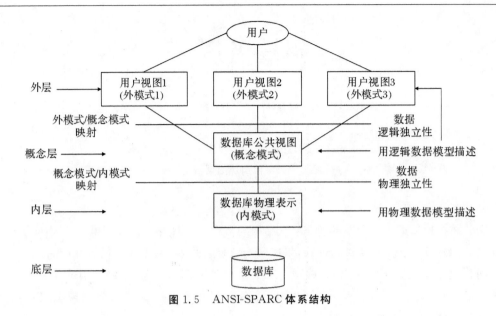

图 1.5　ANSI-SPARC **体系结构**

1. 概念模式（Conceptual Schema）

概念模式也称模式或逻辑模式，是数据库中全体数据的整体逻辑结构和特征的描述，是所有用户的公共数据视图。它综合了所有用户的需求，处于数据库系统模式结构的中间层，与数据的物理存储细节和硬件环境无关，与具体的应用程序、开发工具及高级程序设计语言也无关。每一个数据库只有唯一的概念模式。概念模式反映了数据库系统的整体观。

2. 外模式（External Schema）

外模式也称子模式（Subschema）或用户模式，是数据库用户（包括应用程序员和最终用户）能看见和使用的局部数据的逻辑结构和特征描述，是数据库用户的数据视图，是与某一应用有关的数据逻辑表示。一个数据库可以有多个外模式。外模式反映了数据库系统的用户观。

3. 内模式（Enternal Schema）

内模式又称存储模式，对应于物理级，是数据库中全体数据的内部表示或底层描述。它描述了数据在存储介质上的存储方式和物理结构，对应着实际存储在外存储介质上的数据库。内模式由内模式描述语言来描述、定义所有内部记录类型、索引和文件的组织方式，以及数据控制方面的细节，反映了数据库的存储观。

4. 外模式/概念模式映像

对于同一个概念模式，数据库系统可以有任意多个外模式。对于每一个外模式，数据库系统都有一个外模式/概念模式映像，定义了该外模式与概念模式之间的对应关系。这些映像定义通常包含在外模式的描述中。当概念模式改变时，数据库管理员对各个外模式/概念模式映像做相应的改变，可以使外模式保持不变。应用程序是依据数据的外模式编写的，从而应用程序可以不必修改，保证了数据与程序的逻辑独立性，简称数据的逻辑独立性。

5.概念模式/内模式映射

数据库中不仅只有一个概念模式,而且也只有一个内模式,所以概念模式/内模式映像是唯一的,由它定义数据库全局逻辑结构与存储结构之间的对应关系。概念模式/内模式映像定义通常包含在概念模式描述中。当数据库的存储设备和存储方法发生变化时,数据库管理员对概念模式/内模式映像要做相应的改变,使概念模式保持不变,从而应用程序也不变,保证了数据与程序的物理独立性,简称数据的物理独立性。

习　　题

1.解释 DB、DBMS、DBS 三个概念。
2.数据库管理系统有哪些功能? 请简述。
3.实体之间的联系有哪几种? 请举例说明。
4.请简述数据的逻辑独立性和数据的物理独立性。

第2章 关系数据库基础

关系数据库是数据库应用的主流,许多数据库管理系统的数据模型都是基于关系数据模型开发的。1970 年,IBM 的研究员,有"关系数据库之父"之称的埃德加·弗兰克·科德 (Edgar Frank Codd)博士在刊物 *Communication of the ACM* 上发表了题为"*A Relational Model of Data for Large Shared Data banks*"《大型共享数据库的关系模型》的论文。文中首次提出了数据库的关系模型的概念,奠定了关系模型的理论基础。20 世纪 70 年代末,关系方法的理论研究和软件系统的研制均取得了很大成果,IBM 公司的 San Jose实验室在 IBM370 系列机上研制的关系数据库实验系统 System R 历时 6 年获得成功。1981 年 IBM 公司又宣布了具有 System R 全部特征的新的数据库产品 SQL/DS 问世。SQL/DS 关系模型简单明了,具有坚实的数学理论基础,一经推出就受到了学术界和产业界的高度重视和广泛响应,并很快成为数据库市场的主流。20 世纪 80 年代以来,计算机厂商推出的数据库管理系统几乎都支持关系模型,数据库领域当前的研究工作大都以关系模型为基础。与此同时,中国数据库企业数量快速增长,数据库产品日益丰富多样,市场版图迅速扩张,呈现出百花齐放、蓬勃发展的大好势头。

2.1 关系数据模型

2.1.1 关系模式

在数据库中要区分型和值。关系数据库中,关系模式是型,关系是值。关系模式是对关系的描述,主要从以下三个方面进行描述:

(1)关系是元组(tuple)的集合,关系模式需要描述元组的结构,即元组由哪些属性构成,这些属性来自哪些域,属性与域有怎样的映射关系。

(2)关系是元组的集合,所以关系的确定取决于关系模式赋予元组的语义。元组语义实质上是一个 n 目谓词(n 是属性集中属性的个数)。

(3)关系是会随着时间的流逝而变化的,但现实世界中许多已有事实实际上限定了关系可能的变化范围。这就是所谓的完整性约束条件。关系模式应当刻画出这些条件。

因此,一个关系模式应当是一个五元组,可以形式化地表示为

$$R(U, D, DOM, F)$$

其中,R 为关系名,U 为组成该关系的属性名集合,D 为属性组 U 中属性所来自的域,DOM 为属性向域的映像集合,F 为属性间数据的依赖关系集合。

说明:关系模式通常可以简记为 R(U)或 R(A1,A2,…,An),其中,R 为关系名,A1,A2,…,An。为属性名。

1. 关系

表 2.1 是一张学生表,学生实体的属性 SNO、SNAME、SEX、AGE、SDEPT 分别表示学生的学号、姓名、性别、年龄和学生所在系部。这是一张二维表格。显然,这就是一个关系。

表 2.1 学生表

学号(SNO)	姓名(SNAME)	性别(SEX)	年龄(AGE)	系部(SDEPT)
1105054208	张三	F	18	CS
1105054323	李四	M	19	IS
1104014109	王五	M	20	CS

为简单起见,对表格数学化,用字母表示表格的内容,表 2.1 可用图 2.1 中的表格表示。在关系模型中,字段称为属性,字段值称为属性值,记录类型称为关系模式。在图 2.1 中,关系模式名是 R,记录称为元组,元组的集合称为关系(Relation)或实例(Instance)。

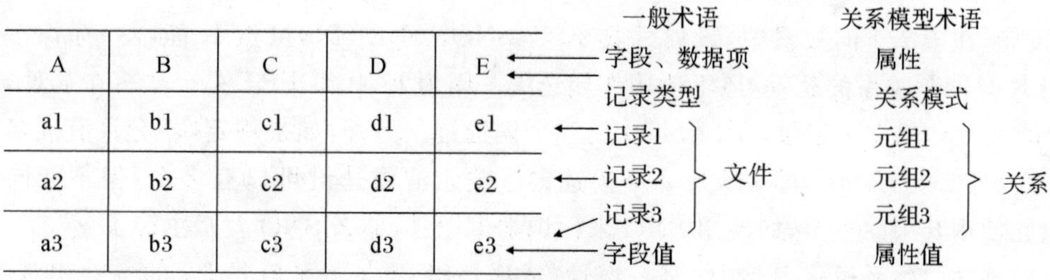

图 2.1 关系模型术语

一般用英文大写字母 A、B、C 等表示单个属性,用大写字母 W、X、Y、Z 等表示属性集,用小写字母表示属性值。

关系中属性个数称为"元数"(Arity),元组个数称为"基数"(Cardinality)。

该关系元数为 5,基数为 3。有时也习惯直接称关系为表格,元组为行,属性为列。关系中每一个属性都有一个取值范围,称为属性的值域(Domain)。属性 A 的取值范围用 DOM(A)表示。每一个属性列对应一个值域,不同的属性可对应于同一值域。

关系的定义如下:

(1)关系可以看成是由行和列交叉组成的二维表格,表示的是一个实体集合。

(2)表中一行称为一个元组,可用来表示实体集中的一个实体。

(3)表中的列称为属性,给每一列起一个名称即属性名,表中的属性名不能相同。

(4)列的取值范围称为域,同列具有相同的域,例如,年龄为整数域。

(5)表中任意两行(元组)不能相同。能唯一标识表中不同行的属性或属性组称为主键。

尽管关系与二维表格传统的数据文件有类似之处,但它们又有区别。严格地说,关系是一种规范化了的二维表格,具有如下性质:

(1)列是同质的:每一列中的分量是同一类型的数据,来自同一个域。

(2)不同列可来自同一个域：不同列（属性）要给予不同的属性名。

(3)列的顺序无所谓：列的次序可以任意交换。

(4)任意两个元组不能完全相同：这是由笛卡儿积的性质决定的。

(5)行的顺序无所谓：行的次序可以任意交换。

(6)分量必须取原子值：每一个分量都必须是不可分的数据项。

2. 关键码和表之间的联系

在关系数据库中，键也称码，是关系模型的一个重要概念。通常键由一个或几个属性组成，键有如下类型：

(1)超键。在一个关系中，能唯一标识元组的属性或属性集称为关系的超键。

(2)候选键。如果一个属性集能唯一标识元组，且又不含有多余的属性，那么这个属性集称为关系的候选键。

(3)主键。若一个关系中有多个候选键，则选其中的一个为关系的主键。用主键实现关系定义中"表中任意两行（元组）不能相同"的约束，包含在任何一个候选键中的属性称为主属性（primary attribute），不包含在任何键中的属性称为非主属性（nonprimary attribute）或非键属性（non-key attribute）。

例如，在表2.1的关系中，设属性集 K＝（SNO，SDEPT），虽然 K 能唯一标识学生记录，但 K 只能是关系的超键，还不能用作候选键。因为 K 中 SDEPT 是一个多余属性，只有 SNO 能唯一标识学生记录，所以 SNO 是一个候选键。另外，如果规定"不允许有同名同姓的学生"，那么 SNAME 也可以是一个候选键。关系的候选键可以有多个，但不能同时使用，只能使用其中的一个，如使用 SNO 来标识学生记录，那么 SNO 就是主键了。

(4)外键。关系模式 R1 中的某一属性（或属性组）F 与关系模式 R2 的主键相对应，但不是 R1 的超键，则称 F 是关系模式 R1 的外键。需要说明的是，R1、R2 不一定是不同的关系模式，也可以是同一关系模式；外键不一定要与相对应的主键同名，只需定义在相同的值域上。在实际应用中，为了便于辨识，当外键与相对应的主键位于不同关系模式时，通常会给它们取相同的名字。其中，基本关系 R1 称为参照关系（Referencing Relation），基本关系 R2 称为被参照关系（Referenced Relation）或目标关系（Target Relation）。例如：

学生（SNO，SNAME，SEX，AGE，SDNO），学生关系的属性是学号、姓名、性别、年龄和学生所在系部。

系部（SDNO，SDNAME，CHAIR），系部关系的属性是系编号、系名、系负责人。

学生关系的主键是 SNO，系部关系的主键为 SDNO。在学生关系中，SDNO 是它的外键。学生关系为参照关系，系部关系为被参照关系。更确切地说，SDNO 是系部表的主键，将它作为外键放在学生表中，实现两个表之间的联系。在关系数据库中，表与表之间的联系是通过公共属性实现的。

3. 关系模式、关系子模式和存储模式

关系模型基本上遵循数据库的三级体系结构。在关系模型中，概念模式是关系模式的集合，外模式是关系子模式的集合，内模式是存储模式的集合。

（1）关系模式。关系模式是对关系的描述，包括模式名、组成该关系的诸属性名、值域名和模式的主键。具体的关系称为实例。

【例 2.1】　图 2.2 是一个教务管理子系统的实体联系图。学生实体的属性 SNO、SNAME、SEX、AGE、SDEPT 分别表示学生的学号、姓名、性别、年龄和学生所在系部，课程实体的属性 CNO、CNAME、CDEPT、TNAME 分别表示课程号、课程名、课程所属系和任课教师。学生关系用 S 表示，课程关系用 C 表示。S 和 C 之间有 $m:n$ 的联系（一个学生可选修多门课程，一门课程可以被多个学生选修），联系类型 SC 的属性成绩用 GRADE 表示。

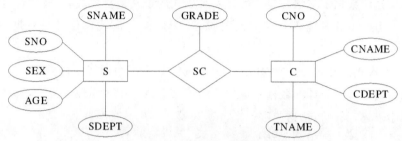

图 2.2　实体联系图

图 2.2 中 E-R 图表示的学生实体转换成相应的关系模式为

$$S(SNO, SNAME, SEX, AGE, SDPET)$$

关系模式 S 描述了学生实体集的数据结构。

图 2.2 所转换成的关系模式集如图 2.3 所示，其中 SNO、CNO 为关系 SC 的主键，SNO、CNO 又分别为关系 SC 的两个外键。

学生关系模式 S(SNO,SNAME,SEX,AGE,SDEPT)
选修关系模式 SC(SNO,CNO,GRADE)
课程关系模式 C(CNO,CNAME,CDEPT,TNAME)

图 2.3　关系模式集

表 2.2 展示了这个关系模式的实例。

表 2.2　关系模式集的三个具体关系

(a)学生关系

SNO	SNAME	SEX	AGE	SDEPT
S1	张莉	F	18	CS
S2	李强	M	19	IS
S3	王刚	M	20	CS

(b)课程关系

CNO	CNAME	CDEPT	TNAME
C1	数据库	IS	刘军
C2	微机原理	CS	杨林
C3	编译原理	CS	王娟

续表

(c)选修关系

SNO	CNO	GRADE
S1	C1	80
S2	C2	90
...	...	...

关系模式是用数据定义语言定义的。关系模式的定义包括模式名、属性名、值域名以及模式的主键。由于不涉及物理存储方面的描述,因此关系模式仅仅是对数据本身的特征描述。

(2)关系子模式。有时,用户使用的数据不直接来自关系模式中的数据,而是从若干关系模式中抽取满足一定条件的数据。这种结构可用关系子模式实现。关系子模式是用户所需数据结构的描述,其中包括这些数据来自哪些模式和应满足哪些条件。

【例2.2】 用户需要用到成绩子模式 F(SNO,SNAME,CNO,GRADE),子模式 F 对应的数据来源于表 S 和表 SC,构造时应满足它们的 SNO 值相等。子模式 F 的构造过程如图 2.4 所示。

S

SNO	SNAME	SEX	AGE	SDEPT
S1	张莉	F	18	CS
S2	李强	M	19	IS
...	...	...	...	...

SC

SNO	CNO	GRADE
S1	C1	80
S2	C2	90
...	...	...

F

SNO	SNAME	CNO	GRADE
S1	张莉	C1	80
S2	李强	C2	90
...	...	1	...

图 2.4 子模式 F 的构造过程

子模式定义语言还可以定义用户对数据进行操作的权限,如是否允许读、修改等。由于关系子模式来源于多个关系模式,因此不能任意对子模式的数据进行插入和修改操作。

(3)存储模式。存储模式描述了关系是如何在物理存储设备上存储的。关系存储时的基本组织方式是文件。由于关系模式有键,因此存储一个关系可以用散列方法或索引方法实现。如果关系元组数目较少,那么也可以用堆文件方式实现。此外,还可以对任意的属性集建立辅助索引。

2.1.2 关系操作

现实世界随着时间在不断变化,相应地,数据库世界中表示实体集的关系也会有所变化,以反映现实世界的变化。关系的这种变化是通过关系操作来实现的。

1. 基本的关系操作

关系操作采用集合操作方式,即操作的对象和结果都是集合。关系模型中常用的关系操作如下:

(1)传统的集合运算:并(Union)、交(Interaction)、差(Difference)和广义笛卡儿积(Extended Cartesian Product)。

(2)专门的关系运算:选择(Select)、投影(Project)、连接(Join)、除(Divide)。

(3)有关的数据操作:查询(Query)、插入(Insert)、删除(Delete)、修改(Update)。

关系操作的特点是集合操作方式,即操作的对象和结果都是集合。这种操作方式也称一次一集合(Set At Time)的方式。非关系数据库系统中典型的操作是一次一行或一次一记录。因此,集合处理能力是关系数据库系统区别于其他系统的一个重要特征。

2. 关系数据语言的分类

早期的关系操作能力通常用代数方式或逻辑方式来表示,分别称为关系代数和关系演算。关系代数是用对关系的运算来表达查询要求的方式,关系演算是用谓词来表达查询要求的方式。关系演算又可按谓词变元的基本对象是元组变量还是域变量分为元组关系演算和域关系演算。关系代数、元组关系演算和域关系演算三种语言在表达上是完全等价的。

关系代数、元组关系演算和域关系演算均是抽象的查询语言。这些抽象的语言与具体的 DBMS 中实现的实际语言并不完全一样,但它们能用作评估实际系统中查询语言能力的标准或基础。实际的查询语言除了提供关系代数或关系演算的功能外,还提供了许多附加功能,如集函数、关系赋值、算术运算等。

另外,还有一种介于关系代数和关系演算之间的结构化查询语言(SQL)。SQL 不仅具有丰富的查询功能,而且具有数据定义和数据控制功能,是集查询、DDL、DML 和 DCL(数据控制语言)于一体的关系数据语言。它充分体现了关系数据语言的特点和优点,是关系数据库的标准语言。

关系数据语言可以分为三类,如图 2.5 所示。

```
                   ┌ 关系代数语言                          如 ISBL
                   │              ┌ 元组关系演算语言
关系数据语言  ┤ 关系演算语言┤                       如 QBE
                   │              └ 域关系演算语言
                   └ 具有关系代数和关系演算双重特点的语言    如 SQL
```

图 2.5　描述关系数据的三类语言

这些关系数据语言的共同特点是:具有完备的表达能力,是非过程化的集合操作语言,功能强,能够嵌入高级语言中使用。

关系语言是一种高度非过程化的语言,用户不必请求数据库管理员为其建立特殊的存取路径。存取路径的选择由关系数据库的优化机制完成。例如,在一个存储几百万条记录的关系中查找符合条件的某一个或某一些记录,从原理上讲可以有多种查找方法。可以顺序扫描这个关系,也可以通过某一种索引来查找。不同的查找路径(或称存取路径)的效率是不同的,有的完成某一个查询可能很快,有的可能极慢。关系数据库中研究和开发了查询优化方法,系统可以自动地选择较优的存取路径,提高查询效率。

2.2　关系模型的完整性规则

完整性是数据模型的一个非常重要的方面。关系数据库从多个方面保证数据的完整性。在创建数据库时,需要通过相关的措施保证以后对数据库中的数据进行操纵时,数据是正确、一致的。主要包括两方面的内容:

(1)与现实世界中应用需求的数据的相容性和正确性。

(2)数据库内数据之间的相容性和正确性。

例如:百分制成绩的取值只能为0～100;一个学生一个学期可以选修多门课程,但只能在本学期已开出的课程中进行选修;所有选修某教学班的学生人数之和不能超过该教学班所安排教室的容量;等等。对应于关系数据库中,关系模式也应当刻画出现实世界中的这些限制。这就是完整性约束条件。

关系模型中有三类完整性约束:实体完整性、参照完整性和用户自定义完整性。其中,实体完整性和参照完整性是关系模型必须满足的完整性约束条件,被称作关系的两个不变性,应该由关系数据库管理系统自动支持。用户自定义的完整性是应用领域需要遵循的约束条件,体现了具体应用领域中的语义约束。

1. 实体完整性

实体完整性(Entity Integrity)是要保证关系中的每个元组都是可识别和唯一的。其规则为,若属性 A 是基本关系 R 的主属性,则属性 A 不能取空值。实体完整性是关系模型必须满足的完整性约束条件,也称关系的不变性。关系数据库管理系统可以用主关键字实现实体完整性。这是由关系系统自动支持的。

关于实体完整性约束的说明如下:

(1)实体完整性是针对基本表而言的,一个基本表通常对应现实世界的一个实体集,如学生关系对应学生的集合。

(2)现实世界中的实体是可以区分的,即它们应具有唯一性标识。相应地,在关系数据模型中以主键作为唯一性标识。

(3)主键中的属性(即主属性)不能取空值,不仅是主键整体,所有主属性均不能为空。反过来,若主属性为空值,则意味着该实体不完整,即违背了实体完整性。

【例 2.3】 在学生关系数据库中,关系模式如下:

学生关系:S(学号,姓名,图书证号,年龄,所在院系)

课程关系:C(课程号,课程名,学分)

选课关系:SC(学号,课程号,成绩)

说明:带下画线的属性为对应关系的主码。

在学生关系 S 中,"学号"为主码,不能取空值。若为空值,说明缺少元组的关键部分,则实体不完整。实体完整性规则规定基本关系主码上的每一个属性都不能取空值,而不仅是主码整体不能为空值。例如,选课关系 SC 中,"学号"与"课程号"为主码,则两个属性都不能取空值。

2. 参照完整性

现实世界中的实体之间存在着某种联系,而在关系数据模型中实体是用关系来描述的,实体之间的联系也是用关系描述的。这样就自然存在着关系和关系之间的参照或者引用。

参照完整性(Referential Integrity)定义为,若属性(或属性组)F 是基本关系 R 的外键,它与基本关系 S 的主键 Ks 相对应(基本关系 R 和 S 不一定是不同的关系),则对于 R 中每个元组在 F 上的值必须为:

(1)或取空值(F 的每个属性值均为空值)。

(2)或等于 S 中某个元组的主码值。

参照完整性也是关系模型必须满足的完整性约束条件,是关系的另一个不变性。

【例 2.4】　学生实体和系别实体可以用下面的关系表示,其中主码用下画线标识。

学生(<u>学号</u>,姓名,性别,年龄,系别号)、系别(<u>系别号</u>,系名)

这两个关系之间存在着属性的引用,即学生关系引用了系别关系的主码"系别号"。显然,学生关系中的"系别号"值必须是确实存在的系的系别号,即系别关系中应该有该系的记录。也就是说,学生关系中的某个属性的取值需要参照系别关系中某个属性的取值。学生关系的"系别号"与系别关系的"系别号"相对应,因此,"系别号"属性是学生关系的外码,是系别关系的主码。这里系别关系是被参照关系,学生关系为参照关系。

本例学生关系中的每个元组的"系别号"属性只能取下面两类值:空值,表示尚未给该学生分配系别;非空值,该值必须是系别关系中某个元组的"系别号"的值,表示该学生不可能被分配到一个不存在的系中。即被参照关系"系别"中一定存在一个元组,它的主码值等于该参照关系"学生"中的外码值。

3. 用户自定义完整性

实体完整性和参照完整性适用于任何关系数据库系统,此外,往往还需要一些特殊的约束条件。用户自定义的完整性(User Defined Integrity)就是针对某一具体关系数据库的约束条件,反映某一具体应用所涉及的数据必须满足的语义要求。

关系模型应提供定义和检验这类完整性的机制,以便用统一、系统的方法处理,而不要由应用程序承担这一功能。

在用户自定义完整性中最常见的是限定属性的取值范围,即对值域的约束,所以在用户自定义完整性中最常见的是域完整性约束。例如,学生关系中的年龄数值为 15~75,选修关系中的成绩数值为 0~100。更新职工表时,工资、工龄等属性值通常只增加,不减少。

2.3　关系代数

关系代数是一种抽象的查询语言,用对关系的运算来表达查询。

任何一种运算都需要将一定的运算符作用于某运算对象上,得到预期的运算结果,故运算符、运算对象及运算结果是关系代数运算的三要素。关系代数运算的运算对象是关系,运算结果也是关系,用到的运算符包括集合运算符、专门的关系运算符、比较运算符和逻辑运算符等。

关系代数中的操作可以分为两类:

(1)传统的集合运算,如并、交、差、笛卡儿积。这类运算将关系看成元组的集合,运算时从行的角度进行。

(2)专门的关系运算,如选择、投影、连接、除。这些运算不仅涉及行,也涉及列。

关系代数使用的运算符如下:

(1)传统的集合操作:∪(并)、−(差)、∩(交)、×(笛卡儿积)。

(2)专门的关系操作:σ(选择)、⊓(投影)、⋈(连接)、÷(除)。

(3)比较运算符:>(大于)、⩾(大于等于)、<(小于)、⩽(小于等于)、=(等于)、≠(不等于)。

(4)逻辑运算符:∧(与)、∨(或)、¬(非)。

2.3.1 传统的集合运算

传统的集合运算有并、差、交和笛卡儿积运算,它们都是二目运算。

传统的集合运算用于关系运算时,要求参与运算的两个关系必须是相容的,即两个关系的列数相同,且对应的属性列都出自同一个域。

设关系 R 和关系 S 具有相同的 n 目(即两个关系都有 n 个属性),且相应的属性取自同一个域,t 是元组变量,t∈R 表示 t 是 R 的一个元组。

以下定义并、差、交和笛卡儿积运算。

1. 并(Union)

关系 R 和关系 S 的并记为 R∪S,即

$$R∪S=\{t|t∈R∨t∈S\}$$

其结果仍为 n 目关系,由属于 R 或属于 S 的元组组成。

2. 差(Except)

关系 R 和关系 S 的差记为 R−S,即

$$R−S=\{t|t∈R∧t∉S\}$$

其结果仍为 n 目关系,由属于 R 且不属于 S 的所有元组组成。

3. 交(Intersection)

关系 R 和关系 S 的交为 R∩S,即

$$R∩S=\{t|t∈R∧t∈S\}$$

其结果仍为 n 目关系,由既属于 R 又属于 S 的元组组成。关系的交可用差来表示,即 R∩S=R−(R−S)。

4. 笛卡儿积(Cartesian Product)

这里的笛卡儿积是广义笛卡儿积,因为笛卡儿积的元素是元组。

设 n 目和 m 目的关系 R 和 S,它们的笛卡儿积是一个 $(n+m)$ 目的元组集合。元组的前 n 列是关系 R 的一个元组,后 m 列是关系 S 的一个元组。

若 R 有 r 个元组,S 有 s 个元组,则关系 R 和关系 S 的笛卡儿积应当有 $r×s$ 个元组,记为 R×S,即

$$R×S=\{t_r,t_s|t_r∈R∧t_s∈S\}$$

【例 2.5】　有两个关系 R、S,如图 2.6 所示,求以下各传统的集合运算结果。

(1)R∪S　(2)R−S　(3)R∩S　(4)R×S

R			S		
A	B	C	A	B	C
a	b	c	a	d	b
b	a	c	b	a	c
c	d	a	d	e	b

图 2.6　两个关系 R、S

解:

(1)R∪S 由属于 R 和属于 S 的所有不重复的元组组成。

(2)R−S 由属于 R 且不属于 S 的所有元组组成。

(3)R∩s 由既属于 R 又属于 S 的元组组成。

(4)R×S 为 R 和 s 的笛卡儿积,共有 $3×3=9$ 个元组。

传统的集合运算结果如图 2.7 所示。

R∪S			R−S			R∩S		
A	B	C	A	B	C	A	B	C
a	b	c	a	b	c	b	a	c
b	a	c	c	d	a			
c	d	a						
a	d	b						
d	c	b						

R×S					
R.A	R.B	R.C	S.A	S.B	S.C
a	b	c	a	d	b
a	b	c	b	a	c
a	b	c	d	c	b
b	a	c	a	d	b
b	a	c	b	a	c
b	a	c	d	c	b
c	d	a	a	d	b
c	d	a	b	a	c
c	d	a	d	c	b

图 2.7　传统的集合运算结果

2.3.2　专门的关系运算

专门的关系运算有选择、投影、连接和除等运算,既涉及行也涉及列。在介绍专门的关系运算前,引入以下符号。

(1)分量。设关系模式为 $R(A_1,A_2,\cdots,A_n)$,它的一个关系设为 R,$t∈R$ 表示 t 是 R 的

一个元组,t[A$_i$]则表示元组 t 中属性 A$_i$上的一个分量。

(2)属性组。若 A={A$_{i1}$,A$_{i2}$,$\cdots$,A$_{ik}$},其中 A$_{i1}$,A$_{i2}$,$\cdots$,A$_{ik}$是 A$_1$,A$_2$,$\cdots$,A$_n$ 中的一部分,则 A 称为属性组或属性列。t[A]={t[A$_{i1}$],t[A$_{i2}$],$\cdots$,t[A$_{ik}$]}表示元组 t 在属性列 A 上诸分量的集合。$\overline{A}$则表示{A$_1$,A$_2$,$\cdots$,A$_n$}中去掉{A$_{i1}$,A$_{i2}$,$\cdots$,A$_{ik}$}后剩余的属性组。

(3)元组的连接。R 为 n 目关系,S 为 m 目关系,t$_r$∈R,t$_s$∈S,则 t$_r$,t$_s$ 称为元组的连接(Concatenation)。

(4)象集。给定一个关系 R(X,Z),Z 和 X 为属性组,当 t[X]=x 时,x 在 R 中的象集(Images Set)定义为

$$Z_X=\{t[Z]|t\in R,t[X]=x\}$$

表示 R 中属性组 X 上值为 x 的诸元组在 Z 上分量的集合。

【例 2.6】 在关系 R 中,Z 和 X 为属性组,X 包含属性 x$_1$,x$_2$,Z 包含属性 z$_1$,z$_2$,如图2.8 所示,求 X 在 R 中的象集。

解:在关系 R 中,x 可取值{(a,b),(b,c),(c,a)}。(a,b)的象集为{(m,n),(n,p),(m,p)},(b,c)的象集为{(r,n)},(c,a)的象集为{(s,t),(p,m)}。

R

x$_1$	x$_2$	z$_1$	z$_2$
a	b	m	n
a	b	n	p
a	b	m	p
b	c	r	n
c	a	s	t
c	a	p	m

图 2.8 象集举例

1. 选择(Selection)

在关系 R 中选出满足给定条件的诸元组称为选择。选择是从行的角度进行的运算,表示为

$$\sigma_F(R)=\{t|t\in R\land F(t)='真'\}$$

其中,F 是一个逻辑表达式,表示选择条件,取逻辑值真或假,t 表示 R 中的元组,F(t)表示 R 中满足 F 条件的元组。

逻辑表达式 F 的基本形式是

$$X_1\theta X_2$$

其中,θ 由比较运算符(>、≥、<、≤、=、≠)和逻辑运算符(∧、∨、¬)组成,X$_1$,Y$_1$ 等是属性名、常量或简单函数,属性名也可用它的序号来代替。

2. 投影(Projection)

在关系 R 中选出若干属性列组成新的关系称为投影。投影是从列的角度进行的运算,表示为:

$$\sqcap_A(R)=\{t[A]|t\in R\}$$

其中,A 为 R 的属性列。

【例 2.7】　关系 R 如图 2.9 所示,求以下选择和投影运算的结果。

(1)$\sigma_{C=8}(R)$

(2)$\Pi_{A,B}(R)$

R

A	B	C
1	4	7
2	5	8
3	6	9

图 2.9　关系 R

解：

(1)$\sigma_{C=8}(R)$由 R 的 C 属性值为 8 的元组组成。

(2)$\Pi_{A,B}(R)$由 R 的 A、B 属性列组成。

选择和投影运算结果如图 2.10 所示。

$\sigma_{C=8}(R)$

A	B	C
2	5	8

$\Pi_{A,B}(R)$

A	B
1	4
2	5
3	6

图 2.10　选择和投影运算结果

3. 连接(Join)

连接也称 θ 连接,从两个关系 R 和 S 的笛卡儿积中选取属性值满足一定条件的元组,记作

$$R \underset{A\theta B}{\bowtie} S = \{t_r, t_s \mid t_r \in R \wedge t_s \in S \wedge t_r[A]\theta t_s[B]\}$$

其中,A 和 B 分别为 R 和 S 上度数相等且可比的属性组,θ 为比较运算符,连接运算从 R 和 S 的笛卡儿积 R×S 中选取 R 关系在 A 属性组上的值和 S 关系在 B 属性组上的值满足比较运算符 θ 的元组。

下面介绍几种常用的连接。

(1)等值连接(Equijoin)。θ 为等号"＝"的连接运算称为"等值连接",记作

$$R \underset{A=B}{\bowtie} S = \{t_r, t_s \mid t_r \in R \wedge t_s \in S \wedge t_r[A] = t_s[B]\}$$

等值连接从 R 和 S 的笛卡儿积 R×S 中选取 A,B 属性值相等的元组。

(2)自然连接(Natural join)。自然连接是除去重复属性的等值连接,记作

$$R \bowtie S = \{t_r, t_s \mid t_r \in R \wedge t_s \in S \wedge t_r[A] = t_s[B]\}$$

等值连接与自然连接的区别如下：

1）自然连接一定是等值连接，但等值连接不一定是自然连接。因为自然连接要求相等的分量必须是公共属性，而等值连接相等的分量不一定是公共属性。

2）等值连接不把重复的属性去掉，而自然连接要把重复属性去掉。

一般连接从行的角度进行计算，而自然连接要取消重复列，同时从行和列的角度进行计算。

（3）外连接（Outer join）。两个关系 R 和 S 在做自然连接时，关系 R 中某些元组可能在 S 中不存在公共属性上值相等的元组，造成 R 中这些元组被舍弃，同样，S 中某些元组也可能被舍弃。

如果把舍弃的元组保存在结果关系中，而在其他属性上填空值（Null），则这种连接称为全外连接（Full Outer join）。

如果只把左边关系 R 中舍弃的元组保留，则这种连接称为左外连接（Left Outer join 或 Left join）。

如果只把右边关系 S 中舍弃的元组保留，则这种连接称为右外连接（Right Outer join 或 Right join）。

4. 除（Division）

给定关系 R(X,Y) 和 S(Y,Z)，其中 X,Y,Z 为属性组。R 中的 Y 与 S 中的 Y 可以有不同的属性名，但必须出自相同的域集。

R 与 S 的除运算得到一个新的关系 P(X)，P 是 R 中满足下列条件的元组在 X 属性列上的投影：元组在 X 上的分量值 x 的象集 Y_x 包含 S 在 Y 上投影的集合。记作

$$R \div S = \{t_r[X] \mid t_r \in R \wedge \Pi_Y(S) \subseteq Y_x\}$$

其中，Y_x 为 X 在 R 中的象集，$x = t_r[x]$。

除运算是同时从行和列的角度进行的运算。

【例 2.8】 关系 R,S 如图 2.11 所示，求 R÷S。

A	B	C		B	C	D
a	d	l		d	l	u
b	f	p		e	k	v
a	e	m		e	m	u
c	g	n				
a	e	k				
b	e	m				

图 2.11　关系 R,S

解： 在关系 R 中，A 可取值{a,b,c}，a 的象集为{(d,1),(e,m),(e,k)}，b 的象集为{(f,p),(e,m)}，c 的象集为{(g,n)}，S 在(B,C)上的投影为{(d,1),(e,k),(e,m)}。可以看出，

只有 a 的象集 $(B,C)_a$ 包含了 S 在 (B,C) 上的投影，所以 $R \div S = \{a\}$。

结果如图 2.12 所示。

R÷S
A
a

图 2.12　R÷S 的结果

【**例 2.9**】　设有如图 2.13 所示的学生课程数据库，包括学生关系 S（Sno，Sname，Sex，Age，Speciality），各属性含义为学号、姓名、性别、年龄、专业；课程关系 C（Cno，Cname，Teacher），各属性含义为课程号、课程名、教师；选课关系 SC（Sno，Cno，Grade），各属性含义为学号、课程号、成绩。试用关系代数表示下列查询语句，并给出（1）（5）（10）的查询结果。

（1）查询"电子信息工程"专业学生的学号和姓名。

（2）查询年龄小于 22 岁的女学生的学号、姓名和年龄。

（3）查询选修了"1001"号课程的学生的学号、姓名。

（4）查询选修了"1001"号课程或"2004"号课程的学生的学号。

（5）查询未选修"1001"课程的学生的学号、姓名。

（6）查询选修课程名为"数据库原理与应用"的学生的学号和姓名。

（7）查询选修"郭亚平"老师所授课程的学生姓名。

（8）查询"刘德川"未选修课程的课程号。

（9）查询"李莎"的"英语"成绩。

（10）查询选修了全部课程的学生的学号和姓名。

S

Sno	Sname	Sex	Age	Speciality
151001	张杰	男	22	电子信息工程
151002	何海霞	女	20	电子信息工程
152201	李莎	女	21	计算机科学与技术
152204	刘德川	男	20	计算机科学与技术

C

Cno	Cname	Teacher
1001	信号与系统	郭亚平
2004	数据库原理与应用	杜明凯
1006	英语	田敏

SC

Sno	Cno	Grade	Sno	Cno	Grade
151001	1001	95	151002	9001	86
151001	2004	91	152201	2004	84
151001	9001	94	152201	9001	85
151002	1001	78	152204	2004	93
151002	2004	72	152204	9001	94

图 2.13　学生关系 S、课程关系 C 和选课关系 SC

解：

(1) $\Pi_{Sno,Sname}(\sigma_{speciality='电子信息工程'}(S))$。

查询结果如图 2.14 所示。

Sno	Sname
151001	张杰
151002	何海霞

图 2.14 "电子信息工程"专业学生的学号和姓名

(2) $\Pi_{Sno,Sname,Sex}(\sigma_{Age<22 \cdot Sex='女'}(S))$。

(3) $\Pi_{Sno,Sname}(\sigma_{cno='1001'}(SC)\bowtie S)$。

(4) $\Pi_{Sno}(\sigma_{Cno='1001' \vee Cno='2004'}(SC))$。

(5) $\Pi_{Sno,Sname}-\Pi_{Sno,Sname}(\sigma_{Cno='1001'}(SC)\bowtie S)$。

查询结果如图 2.15 所示。

Sno	Sname
152201	李莎
152204	刘德川

图 2.15 未选修"1001"号课程的学号、姓名

(6) $\Pi_{Sno,Sname}(\sigma_{Cname='数据库原理与应用'}(C)\bowtie SC \bowtie S)$。

(7) $\Pi_{Sname}(\sigma_{Teacher='郭亚平'}(C)\bowtie SC \bowtie S)$。

(8) $\Pi_{Cname}(C)-\Pi_{Cname}(\sigma_{Sname='刘德川'}(S)\bowtie SC)$。

(9) $\Pi_{Grade}(\sigma_{Cname='英语'}(C)\bowtie SC \bowtie \sigma_{Sname='李莎'}(C))$。

(10) $\Pi_{Sno,Cno}(SC) \div \Pi_{Cno}(C)\bowtie \Pi_{Sno,Sname}(S)$。

查询结果如图 2.16 所示。

Sno	Sname
151001	张杰
151002	何海霞

图 2.16 选修了全部课程的学号和姓名

习 题

1．关系模型的三个组成部分是_____、_____、_____。

2．关系数据模型中,二维表的列称为_____,二维表的行称为_____。

3．用户选作元组标识的一个候选码为_____,其属性不能取_____。

4．关系代数运算中,传统的集合运算有_____、_____、_____、_____。

5．定义并理解下列术语,说明它们之间的联系与区别:

(1)域,笛卡儿积,关系,元组,属性;

（2）主码,候选码,外部码;

（3）关系模式,关系,关系数据库。

6.试述关系数据语言的特点和分类。

7.试述关系模型的完整性规则。在参照完整性中,为什么外部码属性的值也可以为空?什么情况下才可以为空?

第3章 达梦数据库概述

　　数据库是信息系统的基础和核心,国产数据库实现自主可控、自主创新已成为信息产业发展的战略重点。作为信息系统的核心,数据库技术是高新技术的战略高地,是各类信息系统必不可少的组成部分,具有广阔的应用前景。拥有自主可控的关系型数据库产品非常必要。

　　从20世纪70年代末数据库技术进入中国起,很多行业先驱率先学习引进国外先进的数据库技术,再通过消化吸收、自主创新研制出了一些数据库管理系统,实现了国产数据库系统从无到有的突破。特别是近年来,在大数据、云计算、物联网和人工智能等新兴信息技术的推动下,各行业领域对数据库的需求都呈现出蓬勃向上的趋势。

3.1 国产数据库的现状与发展

3.1.1 国产数据库的现状

　　除了早先的达梦数据库、南大通用数据库、人大金仓数据库、神舟通用数据库以外,国内许多企业也开始涉足数据库行业,阿里云、网易云等各种云数据处理平台也开发了相应产品以解决自身所需。为了尽快转化成果应用,一些厂商采用了基于开源技术的产品,也有通过采取循序渐进、自主研发的技术道路,掌握全部源代码。总之,国产数据库在推广应用中不断完善,并逐步推进国产化替代。

3.1.2 国产数据库的发展

　　多年来,我国的数据库软件市场上几乎是清一色的国外软件。当然,这些软件在应用过程中,向用户传播了数据库软件的先进技术和许多宝贵的应用经验,支持开发的大量应用系统也促进了我国计算机应用的发展和信息化建设。同时,一批国产数据库软件应运而生。随着国内信息化技术的迅速发展,信息化系统内部在实现大量数据信息存储、计算等诸多功能的时候,无论从安全角度出发,还是出于经济方面的考虑,都对国产数据库软件特性提出了更高的要求。在国产数据库软件推广和发展过程中,国内厂商一直在为数据库本地化做着不懈的努力。通过众多客户的应用磨合,逐步提高了国产数据库软件的稳定性和可靠性,促进了其系统本身的商品化程度。同时,在国家有关部门的重视和支持下,国产数据库软件在技术研究上已经具有了较深的层次和广泛性。目前,国产数据库通过与成熟应用软件的捆绑,已经在市场上打开了良好的局面,取得了较好的经济效益和社会效益。国产数据库软件在国内也逐步形成了一个相对稳定的产品群体。我们坚信,数据库软件本地化有着广阔前景,国产数据库终将在数据库软件市场中占据自己应有的位置。

3.1.3　常见的几种国产数据库

进入 21 世纪后,我国"863 计划"设立了数据库重大专项。有了国家政策的扶持,达梦、人大金仓、南大通用和神舟通用这些公司开始了不断的发展,下面简单介绍几种数据库系统。

1. 人大金仓数据库管理系统 KingbaseES

人大金仓数据库管理系统是我国自主研制开发的具有自主知识产权的通用关系型数据库管理系统。金仓数据库主要面向事务处理类应用,兼顾各类数据分析类应用,可用作管理信息系统、业务及生产系统、决策支持系统、多维数据分析、全文检索、地理信息系统、图片搜索等的承载数据库。

金仓数据库的最新版本为 KingbaseES V9,KingbaseES V8 在系统的可靠性、可用性和兼容性等方面进行了重大改进,支持多种操作系统和硬件平台,支持 UNIX、Linux 和 Windows 等数十个操作系统产品版本;支持 X86、X86_64 及国产龙芯、飞腾、申威等 CPU 硬件体系结构,并具备与这些版本服务器和管理工具之间的无缝互操作能力。

KingbaseES 基于成熟的关系数据模型,是一个跨越多种软硬件平台、具有大型数据管理能力、高效稳定的数据库管理系统。结合了 SQL 的数据操作能力和过程化语言的数据处理能力,大大增强了 SQL 语言的灵活性和高效性,可以有效地支持大规模数据存储与存取,并保证数据的完整性和安全性;为应用开发提供了符合标准的各种数据接口,用户可在此基础上开发复杂的商业应用;在 DBA 管理工具、数据转换工具、数据备份恢复工具等方面采用向导驱动和图形用户界面(GUL)为用户提供了多种图形化数据库交互管理工具,其界面友好,操作简单,能方便地进行数据库管理与维护,对于运行过程中 CPU(Central Processing Unit,中央处理器)内存等资源的使用经过了优化的系统设计处理,占用要求不高,而且可以根据应用需要灵活调整,从而显著提高系统整体工作效率;从数据库市场现状和技术人员开发习惯的需要出发,在功能扩展、函数配备、调用接口及方式等方面不断向国际主流数据库系统产品靠拢,其应用系统高效稳定,性价比高,面向企业级应用需求。

KingbaseES 的技术特性如下。

(1)容错。针对企业级关键业务应用的可持续服务需求,KingbaseES 提供可在电力、金融、电信等核心业务系统中久经考验的容错功能体系,通过如数据备份、恢复、同步复制、多数据副本等高可用技术,确保数据库 7×24 h 不间断服务。

(2)应用迁移。针对从异构数据库将应用迁移到 KingbaseES 的场景,KingbaseES 一方面通过智能便捷的数据迁移工具,实现无损、快速数据迁移,另一方面,还提供符合标准(如 SQL、ODBC、JDBC 等),并兼容主流数据库语法的服务器端、客户端应用开发接口。

(3)扩展性强。针对企业业务增长带来的数据库并发处理压力,KingbaseES 提供了包括并行计算、索引覆盖等技术在内的多种性能优化手段,此外还提供了基于读写分离的负载均衡技术。

2.达梦数据库管理系统

达梦数据库管理系统是达梦公司推出的具有完全自主知识产权的高性能数据库管理系统,简称DM。达梦数据库作为已商业化的国产数据库代表,在政府及事业单位应用比较广泛。

达梦数据库是大型通用数据库管理系统,从1988年起,经过不断的迭代与发展,在吸收主流数据库产品优点的同时,也逐步形成了自身的特点,受到了业界和用户的广泛认可。

达梦公司于1988年研制出我国第一个自主版权的数据库管理系统CRDS。以此为基础,在国家有关部门的支持下,又将数据库与人工智能、分布式、图形、图像、地理信息、多媒体、面向对象、并行处理等多个学科领域的技术相结合,研制了各种数据库管理系统的原型。这些原型系统从体系上分有单用户、多用户、集中式、分布式、C/S(客户机/服务器)结构;从功能上分有知识数据库、图形数据库、地图数据库、多媒体数据库、面向对象数据库、并行数据库、安全数据库等。1996年,达梦公司研制出我国第一个具有自主版权的、商品化的分布式数据库管理系统DM2。DM2是在12个DBMS原型系统(包括ADB等)的基础上,汇集了其中最先进的设计思想,覆盖了这些原型系统功能,又重新设计的综合DBMS。2000年,达梦公司推出达梦数据库管理系统DM3,在安全技术、跨平台分布式技术、Java和XML技术、智能报表、标准接口等诸多方面,又有重大突破。DM3在众多行业尤其是Internet领域(如网站、电子支付、电子政务)和安全应用领域迅速得到应用。2004年1月,达梦公司正式推出DM4。DM4是达梦公司在多年技术积累基础上,吸收了当今国际领先的同类系统及开源系统的技术优点,大胆创新,从底层做起,完全自主开发出来的数据库管理系统。DM4采用新的体系结构,重新设计了数据存储、并发控制、事务处理、查询优化和执行等核心模块,在DM3的基础上各方面都有质的突破。DM4特别加强了对SMP系统的支持,以更好地利用多CPU系统的处理能力,多用户并发处理更平稳、流畅,成为达梦公司的新一代高性能数据库产品。

目前,达梦数据库最新的版本是DM8,DM8于2019年5月在北京发布,在性能上得到了很大的提升,支持安全高效的服务器端存储模块开发,具有符合国际通用或行业标准的数据库访问和数据操作接口,高度兼容Oracle、SQL Server等主流数据库管理系统,自适应各种软硬件平台,包括龙芯、飞腾、申威系列,以及兆芯、华为、海光等多种不同国产CPU架构的服务器设备,以及配套的中标麒麟、银河麒麟、中科方德、凝思、红旗、深之度、普华、思普等多种国产Linux操作系统。各种平台上的数据存储结构、消息通信结构也完全保持一致,使得达梦数据库的各种组件均可以跨不同的软、硬件平台与数据库服务器进行交互。

3.神州通用数据库管理系统

神州通用数据库管理系统是天津神舟通用数据技术有限公司自主研发的大型通用数据库产品,拥有全文检索、层次查询、结果集缓存、并行数据迁移、双机热备、水平分区、并行查询和数据库集群等增强型功能,并具有海量数据管理和大规模并发处理能力。系统功能完善、性能稳定,可广泛应用于各类企事业单位、政府机关的信息化建设。产品特性如下:

(1)高性能。神州通用数据库管理系统通过采用多种高效存储和数据处理技术使系统具有高性能性,包括索引支持、全文检索、高效的扩展性、多种优化查询策略、高效的自动数据压缩、高效的 I/O(输入/输出)性能、高效的排序性能、高效的编程语言执行性能、查询计划缓存、物化视图、索引优化向导、并行查询、分区技术、结果集缓存、基于代价估算的查询优化策略、直接路径数据加载等。

依托以上性能提升手段,神州通用数据库管理系统具备强大的事务处理能力,提供联机交易处理(OLTP)能力,同时也具备数据仓库分析(OLAP)特性。单机支持上千用户并发量,多机集群支持 PB 级数据量。支持多 CPU 并行的 SMP(对称多处理)扩展性。

(2)高可用。神州通用数据库管理系统可通过基于共享存储的双机热备架构、双机日志同步架构、多机读写分离(同步异步混合模式)高可用架构实现系统各节点的监控及故障切换。

神州通用数据库管理系统可使用户系统的平均无故障时间(MTTF)大于 3 年,平均故障修复时间(MTTR)小于 10 min。

(3)高安全。神州通用数据库管理系统的安全技术优势主要体现在数据安全访问、数据安全存储、数据安全传输、数据安全权限管理等安全机制。完全符合国家安全等级保护要求及国家信息安全技术标准。

(4)高可靠。神州通用数据库管理系统产品可靠性要求达到 99.99%,MTTR 小于 2.5 min,MTBF(平均故障间隔时间)大于 4 500 h。

(5)高兼容。神州通用数据库管理系统与国内外主流硬件平台、操作系统、中间件、应用平台等方面做了充分兼容适配,并从语法结构、数据类型等方面与 Oracle 等异构数据库做了兼容。

(6)易管理、易使用。神州通用数据库管理系统提供了全面的图形化跨平台数据库管理工具,方便 DBA(数据库管理员)和开发人员操作使用。如 DBA 管理控制平台、交互式 SQL查询工具、数据迁移工具、数据库配置工具、逻辑备份和恢复工具、导入导出工具、数据库维护工具、审计工具、系统参数配置工具、性能监测工具等。

(7)通用性。神州通用数据库管理系统完全符合国际通用技术标准和技术规范,支持多种数据类型(如二进制大对象、自定义数据类型等),包含丰富的内置函数、索引、主外键约束、触发器、存储过程、包、匿名块、层次查询、视图、物化视图、支持全文检索等数据库通用功能。

3.2 达梦数据库安装环境及部署

达梦数据库管理系统是基于客户/服务器方式的数据库管理系统,可以安装在多种计算机操作系统平台上,本节主要针对 Windows 系统和 Linux 系统进行安装操作。

3.2.1 达梦数据库的安装环境需求

1. 硬件环境需求

用户应根据达梦数据库及应用系统的需求来选择合适的硬件配置,如 CPU 的指标、内存及磁盘容量等。档次一般应尽可能高一些，尤其是作为数据库服务器的机器，基于 Java 的程序运行时最好有较大的内存。其他设备如 UPS（不间断电源）等在重要应用中也应考虑。表 3.1 给出了安装达梦数据库所需的硬件基本配置。

表 3.1　硬件环境需求

名　称	要　求
CPU	Intel Pentium4 及以上处理器
内存	建议 512 MB 以上
硬盘	5 GB 以上可用空间
网卡	10 Mb/s 以上，支持 TCP/IP 协议的网卡
光驱	32 倍速以上光驱
键盘/鼠标	普通键盘/鼠标

由于达梦数据库是基于客户/服务器方式的大型数据库管理系统，一般应在网络环境下使用，客户机与服务器分别在不同的机器上，所以硬件环境通常包括网络环境（如一个局域网）。如果仅有单台计算机，达梦数据库也允许将所有软件装在同一台计算机上使用。

2. 软件环境需求

运行达梦数据库所要求的软件环境，见表 3.2。

表 3.2　软件环境需求

名　称	要　求
操作系统	Windows（简体中文服务器版 sp2 以上）/Linux（glibc2.3 以上，内核 2.6，已安装 KDE/GNOME 桌面环境，建议预先安装 UnixODBC 组件）
网络协议	TCP/IP
系统盘	至少 1 GB 以上的剩余空间

此外，如要进行数据库应用开发，在客户端可配备 VC、VB、DELPHI、C＋＋Builder、PowerBuilder、JBuilder、Eclipse、DreamWeaver、Visual Studio. NET 等应用开发工具。如要使用达梦数据库 ODBC 驱动程序，应确保 Windows 操作系统中已经安装有 ODBC 数据源管理器，并能正常工作。

3.2.2　Windows 环境下达梦数据库的安装和卸载

达梦数据库管理系统是基于客户/服务器方式的数据库管理系统，可以安装在多种计算机操作系统平台上，下面我们在 Windows 系统下进行安装。

1. 达梦数据库的安装

安装程序自动运行或直接双击"setup. exe"安装程序，程序将检测当前计算机系统是否已经安装其他版本达梦数据库。如果存在其他版本达梦数据库，将弹出提示对话框，如图 3.1 所示。

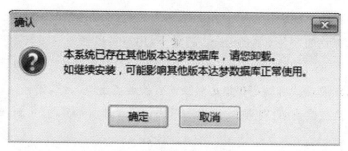

图 3.1 安装提示对话框

点击"确定"继续安装，将弹出语言与时区选择对话框。选择好语言与时区后，点击"确定"，进入安装方式选择界面。

达梦数据库安装程序提供四种安装方式："典型安装""服务器安装""客户端安装"和"自定义安装"，用户可根据实际情况灵活地选择，如图 3.2 所示。

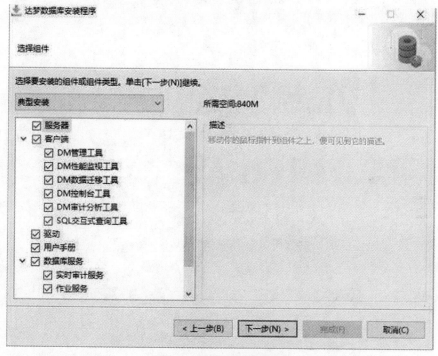

图 3.2 安装方式的选择

典型安装包括安装服务器、客户端、驱动、用户手册、数据库服务组件。

服务器安装包括安装服务器、驱动、用户手册、数据库服务组件。

客户端安装包括安装客户端、驱动、用户手册组件。

自定义安装中用户可根据需求勾选组件，可以是服务器、客户端、驱动、用户手册、数据库服务中的任意组合。

选择需要安装的达梦数据库组件，并点击"下一步"继续。一般地，作为服务器端的机器只需选择"服务器安装"选项，特殊情况下，服务器端的机器也可以作为客户机使用，这时，机器必须安装相应的客户端软件。

　　达梦数据库默认安装在 C:\dmdbms 目录下,用户可以通过点击"浏览"按钮自定义安装目录,如图 3.3 所示。如果用户所指定的目录已经存在,则弹出图 3.4 所示警告消息框提示用户该路径已经存在。若确定在指定路径下安装请点击"确定",则该路径下已经存在的 DM 某些组件将会被覆盖;否则点击"取消",返回到图 3.3 所示界面,重新选择安装目录。

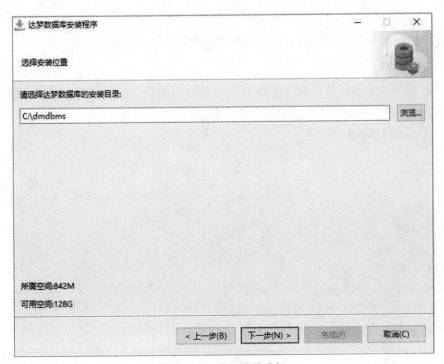

图 3.3　安装位置的选择

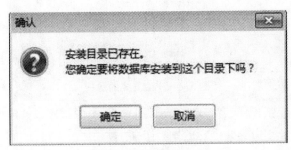

图 3.4　警告消息框

　　安装路径里的目录名由英文字母、数字和下画线等组成,不建议使用包含空格和中文字符等的路径。安装过程如图 3.5 所示。

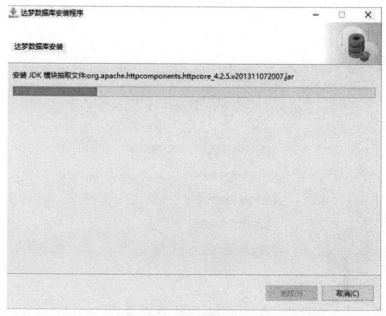

图 3.5　安装过程

如用户在选择安装组件时选中服务器组件,数据库自身安装过程结束时,将会提示是否初始化数据库,如图 3.6 所示。

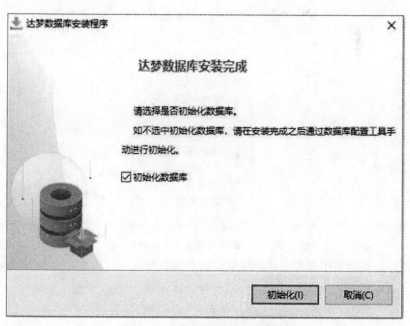

图 3.6　"初始化数据库"的选择

若用户选中"初始化数据库"选项，点击"初始化"将弹出数据库配置工具，如图 3.7 所示。

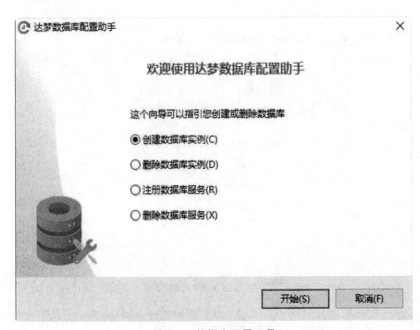

图 3.7　数据库配置工具

也可以在 Windows 操作系统中启动数据库配置助手。选择"开始"→"程序"→"达梦数据库"→"客户端"→"达梦数据库配置助手"，双击启动数据库配置助手，如图 3.8 所示。

图 3.8　数据库配置助手的启动

在数据库配置助手中点击创建数据库实例后需要选择创建数据库的类型。达梦数据库预定义了一些模板，如一般用途、联机分析处理和联机事务处理，如图 3.9 所示。

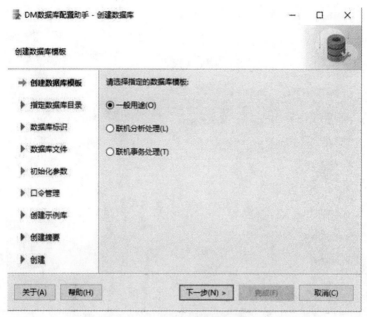

图 3.9　创建数据库的类型

指定数据库目录,如图 3.10 所示。

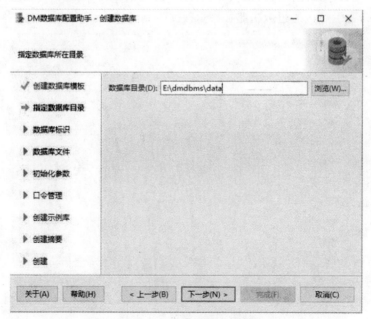

图 3.10　指定数据库目录

数据库标识如图 3.11 所示。

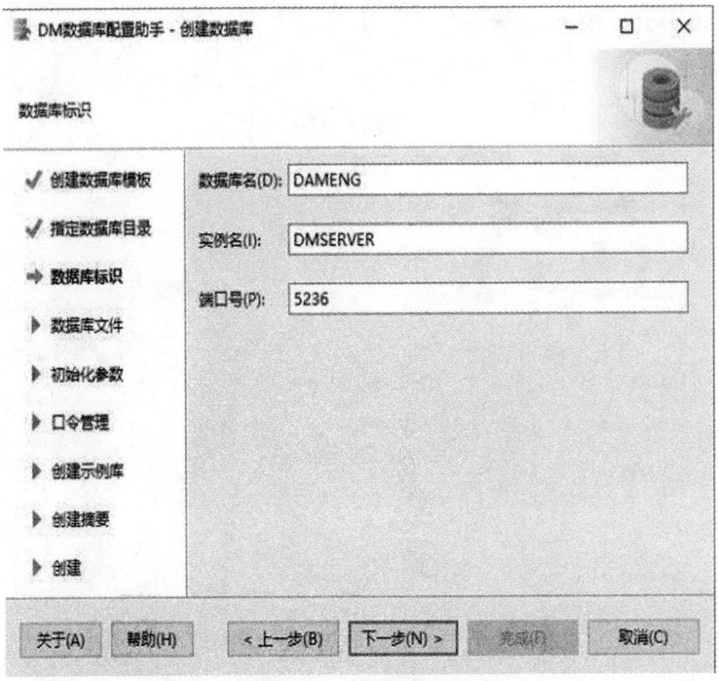

图 3.11 数据库标识

图 3.12 所示为数据库文件,此界面包含四个选项卡:"控制文件""数据文件""日志文件"和"初始化日志",可以通过双击路径来更改文件路径。

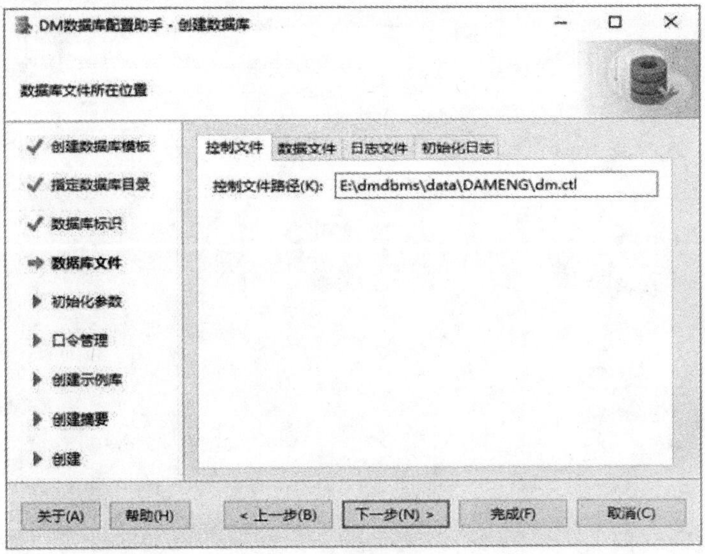

图 3.12 数据库文件

接下来进入参数选择界面,如图 3.13 所示。数据文件使用的簇大小,即每次分配新的段空间时连续的页数,只能是 16 页、32 页或 64 页,缺省使用 16 页。数据文件使用的页大小,可以为 4 K、8 K、16 K 或 32 K,选择的页越大,则达梦数据库支持的元组长度也越大,但同时空间利用率可能下降,缺省使用 8 K。日志文件使用的大小,默认是 64,范围为 64～2 048的整数,单位为 MB。

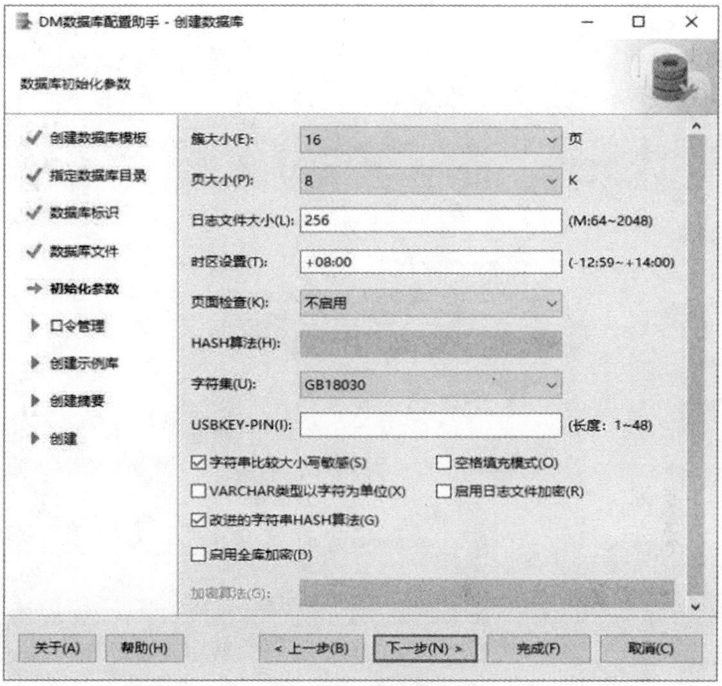

图 3.13　参数选择

为了数据库管理安全,系统提供了为数据库的 SYSDBA 和 SYSAUDITOR 系统用户指定新口令功能,如图 3.14 所示。如果安装版本为安全版,将会增加 SYSSSO 和 SYSDBO 用户的密码修改。用户可以选择为每个系统用户设置不同口令(留空表示使用默认口令),也可以为所有系统用户设置同一口令。口令必须是合法的字符串,不能少于 9 个或多于 48 个字符。

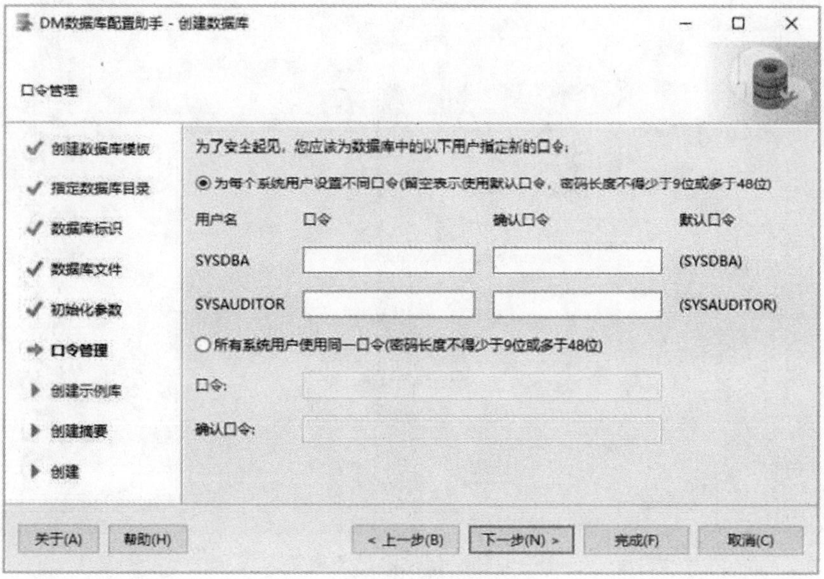

图 3.14　口令管理

创建示例库，如图 3.15 所示。

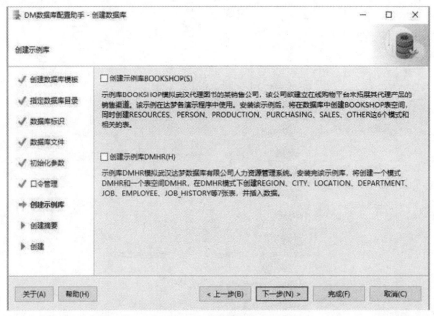

图 3.15　创建示例库

创建摘要，列举创建数据库概要，列举创建时指定的数据库名、示例名、数据库目录、端口、控制文件路径、数据文件路径、日志文件路径、簇大小、页大小、日志文件大小、标识符大小写是否敏感、是否使用 unicode 等信息，方便用户确认创建信息是否符合自己的需求，及时返回修改，如图 3.16 所示。

图 3.16　创建数据库概要

创建数据库。核对完创建信息后,开始创建数据库、创建并启动实例、创建示例库。创建完成界面如图 3.17 所示。

图 3.17　创建数据库完成界面

2. 达梦数据库的卸载

达梦数据库提供的卸载方式为全部卸载。在 Windows 操作系统中的菜单里面找到"达梦数据库",然后点击"卸载";也可以在达梦数据库安装目录下,找到卸载程序 uninstall. exe 来执行卸载。

运行卸载程序,将会弹出如图 3.18 所示提示框,确认是否卸载程序。点击"确定"进入卸载页面,点击"取消"退出卸载程序。

图 3.18　卸载提示框

点击"确定"后显示达梦数据库的卸载目录信息,如图 3.19 所示,点击"卸载",开始卸载 DM。

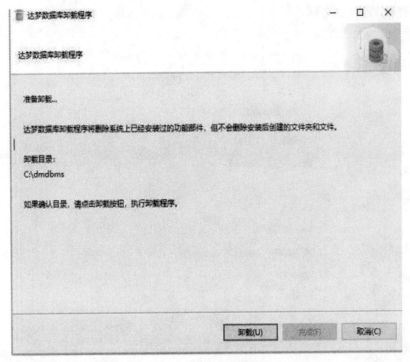

图 3.19　卸载目录信息

显示卸载进度,如图 3.20 所示。

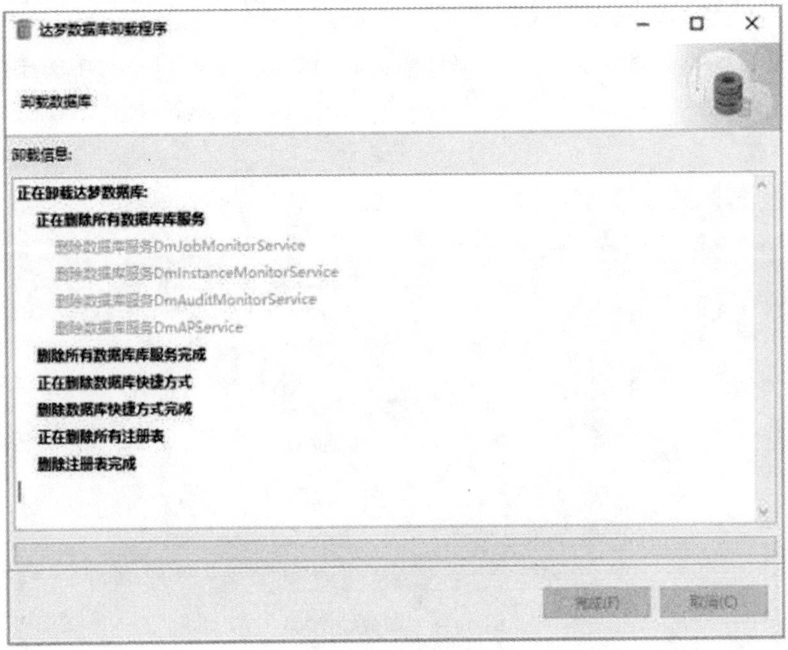

图 3.20　卸载进度

　　点击"完成"按钮结束卸载,如图 3.21 所示。卸载程序不会删除安装目录下有用户数据的库文件以及安装达梦数据库后使用过程中产生的一些文件。用户可以根据需要手工删除这些内容。

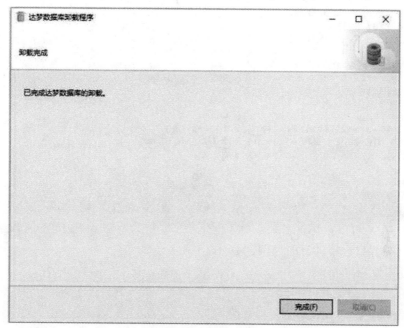

图 3.21　卸载完成

3.2.3　Linux 环境下达梦数据库的安装和卸载

　　用户在安装达梦数据库之前需要检查或修改操作系统的配置,以保证达梦数据库正确安装和运行。由于不同操作系统系统命令不尽相同,具体步骤及操作也不尽相同,以下以国产麒麟操作系统 kylin-desktop-v10 为例,进行达梦数据库的安装。

1.安装前的准备工作

　　(1)检查 Linux(UNIX)系统信息。用户在安装 DM 之前需要检查或修改操作系统的配置,以保证 DM 正确安装和运行。用户在安装 DM 前,需要检查当前操作系统的相关信息,确认 DM 安装程序与当前操作系统匹配,以保证 DM 能够正确安装和运行。用户可以使用以下命令检查操作系统基本信息:

```
#获取系统位数
getconf LONG_BIT
#查询操作系统 release 信息
lsb_release -a
#查询系统信息
cat /etc/issue
#查询系统名称
uname -a
```

运行结果如图 3.22 所示。

```
wang@wang-VMware-Virtual-Platform:~$ getconf LONG_BIT
64
wang@wang-VMware-Virtual-Platform:~$ lsb_release -a
No LSB modules are available.
Distributor ID: Kylin
Description:    Kylin V10 SP1
Release:        v10
Codename:       kylin
wang@wang-VMware-Virtual-Platform:~$ cat /etc/issue
Kylin V10 SP1 \n \l

wang@wang-VMware-Virtual-Platform:~$ uname -a
Linux wang-VMware-Virtual-Platform 5.10.0-5-generic #15~v10pro-KYLINOS SMP Tue Aug
 3 03:55:56 UTC 2021 x86_64 x86_64 x86_64 GNU/Linux
wang@wang-VMware-Virtual-Platform:~$
```

图 3-22 检查基本信息

(2)创建安装用户。为了减少对操作系统的影响,用户不应该以 root 系统用户来安装和运行 DM。用户可以在安装之前为 DM 创建一个专用的系统用户。可参考以下示例创建系统用户和组(并指定用户 ID 和组 ID)。

1)创建安装用户组 dinstall。

groupadd -g 12349 dinstall

2)创建安装用户 dmdba。

useradd -u 12345 -g dinstall -m -d /home/dmdba -s /bin/bash dmdba

3)初始化用户密码。

passwd dmdba

4)之后通过系统提示进行密码设置。当然也可以通过 root 系统用户来直接安装。

(3)检查操作系统限制。在 Linux(UNIX)系统中,ulimit 命令的存在,会对程序使用操作系统资源进行限制。为了使 DM 能够正常运行,建议用户检查当前安装用户的 ulimit 参数。

运行 ulimit -a 进行查询,如图 3.23 所示。

```
wang@wang-VMware-Virtual-Platform:~$ ulimit -a
core file size          (blocks, -c) unlimited
data seg size           (kbytes, -d) unlimited
scheduling priority             (-e) 0
file size               (blocks, -f) unlimited
pending signals                 (-i) 15357
max locked memory       (kbytes, -l) 65536
max memory size         (kbytes, -m) unlimited
open files                      (-n) 1048576
pipe size            (512 bytes, -p) 8
POSIX message queues     (bytes, -q) 819200
real-time priority              (-r) 0
stack size              (kbytes, -s) 8192
cpu time               (seconds, -t) unlimited
max user processes              (-u) 15357
virtual memory          (kbytes, -v) unlimited
file locks                      (-x) unlimited
```

图 3.23 运行 ulimit -a 查询

参数使用限制:

1）data seg size。

data seg size（kbytes，-d）

建议用户设置为 1 048 576（即 1 GB）以上或 unlimited（无限制），此参数过小将导致数据库启动失败。

2）file size。

file size（blocks，-f）

建议用户设置为 unlimited（无限制），此参数过小将导致数据库安装或初始化失败。

3）open files。

open files(-n)

建议用户设置为 65 536 以上或 unlimited（无限制）。

4）virtual memory。

virtual memory（kbytes，-v）

建议用户设置为 1 048 576（即 1 GB）以上或 unlimited（无限制），此参数过小将导致数据库启动失败。

如果用户需要为当前安装用户更改 ulimit 的资源限制，请修改文件/etc/security/limits. conf。

（4）检查系统内存与存储空间。为了保证 DM 的正确安装和运行，要尽量保证操作系统至少 1 GB 的可用内存（RAM）。如果可用内存过少，可能导致 DM 安装或启动失败。用户可以使用以下命令检查操作内存，查询结果如图 3.24 所示。

♯获取内存总大小

grep MemTotal /proc/meminfo

♯获取交换分区大小

grep SwapTotal /proc/meminfo

♯获取内存使用详情

free

图 3.24　检查操作内存

DM 完全安装需要 1 GB 的存储空间，用户需要提前规划好安装目录，预留足够的存储空间。用户在 DM 安装前也应该为数据库实例预留足够的存储空间，规划好数据路径和备份路径。用户可使用以下命令检查存储空间，查询结果如图 3.25 所示。

♯查询目录/mount_point/dir_name 可用空间

df -h /mount_point/dir_name

```
wang@wang-VMware-Virtual-Platform:~$ df -h /tmp
文件系统        容量   已用   可用 已用% 挂载点
/dev/sda5       23G   11G   11G   51% /
```

图 3.25　检查存储空间

DM 安装程序在安装时将产生临时文件,临时文件需要 1 GB 的存储空间,临时文件目录默认为/tmp。

如果/tmp 目录不能保证 1 GB 的存储空间,用户可以扩展/tmp 目录存储空间或者通过设置环境变量 DM_INSTALL_TMPDIR 指定安装程序的临时目录。具体命令如下:

```
#以 BASH 为例:
mkdir -p /mount_point/dir_name
DM_INSTALL_TMPDIR＝/mount_point/dir_name
export DM_INSTALL_TMPDIR
```

2.应用图形化进行达梦数据库的安装

用户双击 DMInstall. bin 或执行. /DMI nstall. bin 命令将运行达梦数据库的图形化安装。用户在进行图形化安装时,应当确认当前正处于图形化界面的运行环境,否则运行安装程序将报错。这种情况建议用户使用命令行安装 DM,并使用安装系统用户直接登录。如果用户在图形化界面中使用 su 命令切换至安装系统用户,可能导致图形化安装程序启动失败。

选择语言和时区。根据系统配置选择相应语言与时区,点击"确定"按钮继续安装,如图3.26 所示。

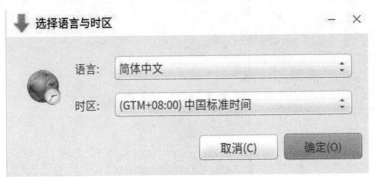

图 3.26　语言与时区的选择

其余的安装步骤与在 Windows 下安装达梦数据库比较类似,可以参照 3.2.2 小节内容进行安装。

3.应用命令行进行达梦数据库的安装

在现实中,许多 Linux(UNIX)操作系统上是没有图形化界面的,为了使 DM 能够在这些操作系统上顺利安装,DM 提供了命令行的安装方式。在终端进入到安装程序所在文件夹,执行以下命令进行命令行安装:

. /DMInstall. bin -i

安装具体过程如下:

(1)选择安装语言。根据系统配置选择相应语言,输入选项,点击回车键进行下一步,如图 3.27 所示。

文件(F)　编辑(E)　视图(V)　搜索(S)　终端(T)　帮助(H)

wang@wang-VMware-Virtual-Platform:~/桌面$ ./DMInstall.bin -i
请选择安装语言(C/c:中文 E/e:英文) [C/c]:c
解压安装程序.........

图 3.27　安装过程

用户可以选择是否输入 Key 文件路径。不输入则进入下一步安装,输入 Key 文件路径,安装程序将显示 Key 文件的详细信息,如果是合法的 Key 文件且在有效期内,用户可以继续安装。

(2)输入时区。用户可以选择 DM 的时区信息,如图 3.28 所示。

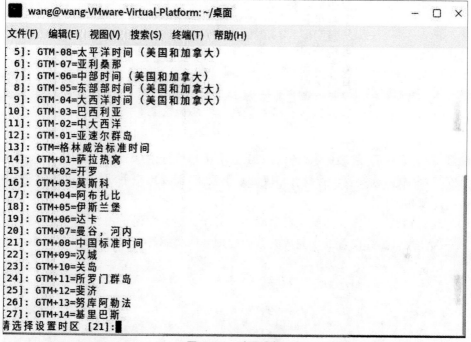

图 3.28　时区选择

(3)选择安装类型,如图 3.29 所示。

图 3.29　安装类型

用户选择安装类型需要手动输入,默认是典型安装。如果用户选择自定义安装,将打印全部安装组件信息。用户通过命令行窗口输入要安装的组件序号,选择多个安装组件时需要使用空格进行间隔。输入完需要安装的组件序号后按回车键,将打印安装选择组件所需要的存储空间大小。

(4)选择安装路径。用户可以输入 DM 的安装路径,不输入则使用默认路径,默认值为 $HOME/dmdbms(如果安装用户为 root,则默认安装目录为/opt/dmdbms,但不建议使用 root 系统用户身份来安装 DM)。

安装程序将打印当前安装路径的可用空间,如果空间不足,用户需重新选择安装路径。如果当前安装路径可用空间足够,用户需进行确认。不确认,则重新选择安装路径;确认,则进入下一步骤。

安装程序将打印用户之前输入的部分安装信息。用户对安装信息进行确认,如图 3.30 所示。不确认,则退出安装程序;确认,进行 DM 的安装。

```
安装前小结
安装位置: /home/wang/dmdbms
所需空间: 1043M
可用空间: 8G
版本信息:
有效日期:
安装类型: 典型安装
是否确认安装? (Y/y:是  N/n:否): █
```

图 3.30　安装确认

注意:安装完成后,终端提示"请以 root 系统用户执行命令"。由于使用非 root 系统用户进行安装,所以部分安装步骤没有相应的系统权限,需要用户手动执行相关命令。用户可根据提示完成相关操作。

(5)安装结束后,还需要初始化数据库并注册相关服务才能正式运行达梦数据库。

第一次使用数据库配置助手完成数据库的创建时提示开启服务,如图 3.31 所示。

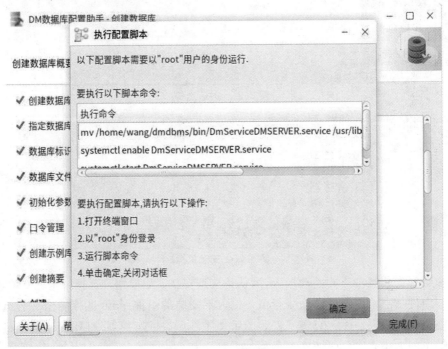

图 3.31　执行配置脚本

此时如果不按要求进行开启容易出现图 3.32 所示错误。

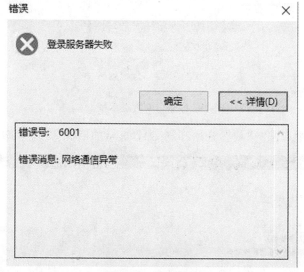

图 3.32　错误提示

此时我们需要按照要求以 root 系统用户身份开启服务，成功以后就可以进行正常的操作了，如图 3.33 所示。

```
root@wang-VMware-Virtual-Platform:/home/wang/dmdbms/bin# ./DmServiceDMSERVER sta
rt
Starting DmServiceDMSERVER: PlatformTheme Create "ukui"
ProxyStyle create "kysec_auth" "ukui"
Qt5UKUIStyle create "kysec_auth" "ukui-default"
                                                              [ OK ]
root@wang-VMware-Virtual-Platform:/home/wang/dmdbms/bin# █
```

图 3.33　以 root 系统用户身份开启服务

4.达梦数据库的卸载

DM 提供的卸载程序为全部卸载。Linux 提供两种卸载方式，一种是图形化卸载方式，另一种是命令行卸载方式。

（1）图形化卸载。用户在 DM 安装目录下，找到卸载程序 uninstall.sh 来执行卸载。用户可执行以下命令启动图形化卸载程序。

♯进入 DM 安装目录

cd /DM_INSTALL_PATH

♯执行卸载脚本

./uninstall.sh

运行卸载程序将会弹出如图 3.34 所示提示框，确认是否卸载。点击"确定"进入卸载页面，点击"取消"退出卸载程序。

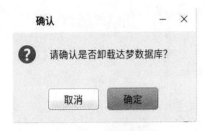

图 3.34　卸载提示框

在卸载提示框中点击"卸载",开始卸载 DM,显示如图 3.35 所示卸载进度。

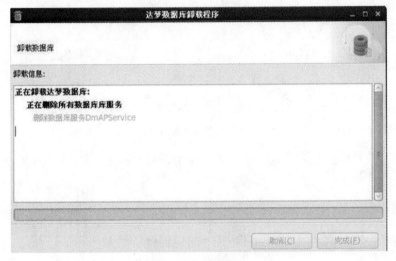

图 3.35　卸载进度

在 Linux(UNIX)系统下,使用非 root 用户卸载完成时,将会弹出图 3.36 所示对话框,提示使用 root 执行相关命令,用户可根据对话框的说明完成相关操作,之后可关闭此对话框。

图 3.36　非 root 用户卸载完成后对话框

点击"完成"按钮结束卸载。卸载程序不会删除安装目录下有用户数据的库文件以及安装 DM 后使用过程中产生的一些文件。用户可以根据需要手工删除这些内容。

（2）命令行卸载。用户在 DM 安装目录下，找到卸载程序 uninstall.sh 来执行卸载。用户执行以下命令启动命令行卸载程序。

♯进入 DM 安装目录

cd /DM_INSTALL_PATH

♯执行卸载脚本，命令行卸载需要添加参数-i

./uninstall.sh -i

运行卸载程序。终端窗口将提示确认是否卸载程序，输入"y/Y"开始卸载 DM，输入"n/N"退出卸载程序，如图 3.37 所示。

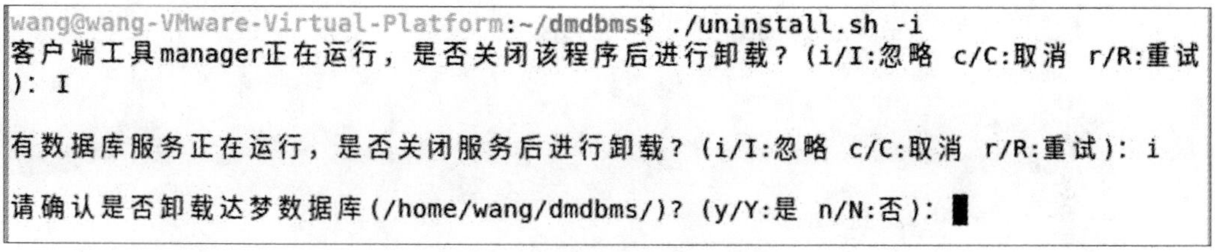

```
wang@wang-VMware-Virtual-Platform:~/dmdbms$ ./uninstall.sh -i
客户端工具manager正在运行，是否关闭该程序后进行卸载？(i/I:忽略  c/C:取消  r/R:重试
): I

有数据库服务正在运行，是否关闭服务后进行卸载？(i/I:忽略  c/C:取消  r/R:重试): i

请确认是否卸载达梦数据库(/home/wang/dmdbms/)? (y/Y:是  n/N:否): 
```

图 3.37　运行卸载程序界面

显示卸载进度，如图 3.38 所示。

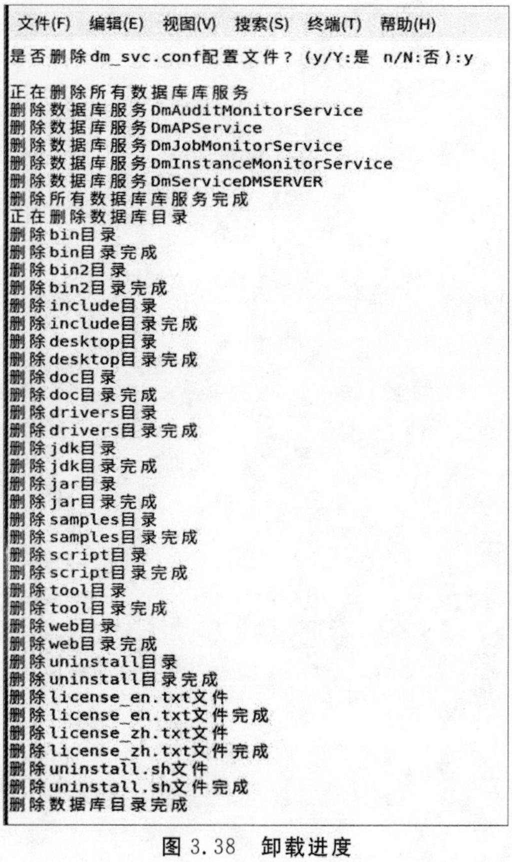

```
文件(F)  编辑(E)  视图(V)  搜索(S)  终端(T)  帮助(H)
是否删除dm_svc.conf配置文件？(y/Y:是  n/N:否):y
正在删除所有数据库服务
删除数据库服务DmAuditMonitorService
删除数据库服务DmAPService
删除数据库服务DmJobMonitorService
删除数据库服务DmInstanceMonitorService
删除数据库服务DmServiceDMSERVER
删除所有数据库服务完成
正在删除数据库目录
删除bin目录
删除bin目录完成
删除bin2目录
删除bin2目录完成
删除include目录
删除include目录完成
删除desktop目录
删除desktop目录完成
删除doc目录
删除doc目录完成
删除drivers目录
删除drivers目录完成
删除jdk目录
删除jdk目录完成
删除jar目录
删除jar目录完成
删除samples目录
删除samples目录完成
删除script目录
删除script目录完成
删除tool目录
删除tool目录完成
删除web目录
删除web目录完成
删除uninstall目录
删除uninstall目录完成
删除license_en.txt文件
删除license_en.txt文件完成
删除license_zh.txt文件
删除license_zh.txt文件完成
删除uninstall.sh文件
删除uninstall.sh文件完成
删除数据库目录完成
```

图 3.38　卸载进度

在 Linux(UNIX)系统下,使用非 root 用户卸载完成时,终端提示“使用 root 用户执行命令”,如图 3.39 所示。用户需要手动执行相关命令。

```
使用root用户执行命令:
/home/wang/dmdbms/root_uninstaller.sh
wang@wang-VMware-Virtual-Platform:~/dmdbms$
```

图 3.39　终端提示界面

习　题

1. 简述国产数据库的现状与发展。
2. 简要描述并对比目前主流的国产数据的特点。
3. 尝试在不同操作系统上对达梦数据库进行安装。

第4章　DM_SQL 概述

结构化查询语言(Structured Query Language,SQL)是在 1974 年提出的一种关系数据库语言。由于 SQL 接近英语的语句结构,方便简洁、使用灵活、功能强大,备受用户欢迎,被众多计算机公司和数据库厂商所采用。经各公司的不断修改、扩充和完善,SQL 最终发展成为关系数据库的标准语言。

SQL 成为国际标准以后,其影响远远超出了数据库领域。例如在 CAD(计算机辅助设计)、软件工程、人工智能、分布式等领域,人们不仅把 SQL 作为检索数据的语言规范,而且也把 SQL 作为检索图形、图像、声音、文字等信息类型的语言规范。目前,世界上著名的大型数据库管理系统均支持 SQL,如 Oracle、Sybase、SQL Server、DB2 等。在未来相当长的时间里,SQL 仍将是数据库领域乃至信息领域中数据处理的主流语言之一。

DM_SQL 是达梦数据库对标准 SQL 的扩展。

4.1　DM_SQL 简介

4.1.1　DM_SQL 的特点

DM_SQL 符合结构化查询语言 SQL 标准,是标准 SQL 的扩充。它集数据定义、数据查询、数据操纵和数据控制于一体,是一种统一的、综合的关系数据库语言。它功能强大,使用简单方便,容易为用户掌握。DM_SQL 具有如下特点。

1. 功能一体化

DM_SQL 的功能一体化表现在以下两个方面:

(1)DM_SQL 支持多媒体数据类型,用户在建表时可直接使用。DM 系统在处理常规数据与多媒体数据时达到了四个一体化:一体化定义、一体化存储、一体化检索、一体化处理,最大限度地提高了数据库管理系统处理多媒体的能力和速度。

(2)DM_SQL 集数据库的定义、查询、更新、控制、维护、恢复、安全等一系列操作于一体,每一项操作都只需一种操作符表示,格式规范,风格一致,简单方便,很容易为用户所掌握。

2.两种用户接口使用统一语法结构

DM_SQL 既是自含式语言，又是嵌入式语言。作为自含式语言，它能独立运行于联机交互环境。作为嵌入式语言，DM_SQL 语句能够嵌入到 C 和 C++语言程序中，将高级语言（也称主语言）灵活的表达能力、强大的计算功能与 DM_SQL 的数据处理功能相结合，完成各种复杂的事务处理。而在这两种不同的使用方式中，DM_SQL 的语法结构是一致的，从而为用户使用提供了极大的方便性和灵活性。

3.高度非过程化

DM_SQL 是一种非过程化语言。用户只需指出"做什么"，而不需指出"怎么做"，对数据存取路径的选择以及 DM_SQL 语句功能的实现均由系统自动完成，与用户编制的应用程序与具体的机器及关系 DBMS 的实现细节无关，从而方便了用户，提高了应用程序的开发效率，也增强了数据独立性和应用系统的可移植性。

4.面向集合的操作方式

DM_SQL 采用了集合操作方式，不仅查询结果可以是元组的集合，而且一次插入、删除、修改操作的对象也可以是元组的集合。相对于面向记录的数据库语言（一次只能操作一条记录）来说，DM_SQL 语言的使用简化了用户的处理，提高了应用程序的运行效率。

5.语言简洁、方便易学

DM_SQL 语言功能强大，格式规范，表达简洁，接近英语的语法结构，容易为用户所掌握。

4.1.2 DM_SQL 的功能及语句

DM_SQL 是一种介于关系代数与关系演算之间的语言，其功能主要包括数据定义、查询、操纵和控制四个方面，通过各种不同的 SQL 语句来实现。按照所实现的功能，DM_SQL 语句分为以下几种：

（1）用户、模式、基表、视图、索引、序列、全文索引、存储过程、触发器等数据库对象的定义和删除语句，数据库、用户、基表、视图、索引、全文索引等数据库对象的修改语句。

（2）查询（含全文检索）、插入、删除、修改语句。

（3）数据库安全语句，包括创建角色语句、删除角色语句，授权语句、回收权限语句，修改登录口令语句，审计设置语句、取消审计设置语句等。在嵌入方式中，为了协调 DM_SQL 与主语言不同的数据处理方式，DM_SQL 引入了游标的概念。因此，在嵌入方式下，除了数据查询语句（一次查询一条记录）外，还有几种与游标有关的语句：

1）游标的定义、打开、关闭、拨动语句；

2）游标定位方式的数据修改与删除语句。

为了有效维护数据库的完整性和一致性，支持 DBMS 的并发控制机制，DM_SQL 语言提供了事务的回滚（ROLLBACK）与提交（COMMIT）语句。同时 DM 允许选择实施事务级读一致性,保证同一事务内的可重复读。为此,DM 提供给用户多种手动上锁语句和设置事务隔离级别语句。

4.2　DM_SQL 语言常用元素

在 SQL Server 数据库中,T‑SQL 是由数据定义语言(DLL)、数据操纵语言(DML)、数据控制语言(DCL)和增加的语言元素组成的。

数据定义语言主要执行数据库的任务,对数据库以及数据库中的各种对象进行创建、修改、删除等操作,主要有 CREATE、ALTER、DROP 语句。数据操纵语言用于操纵数据库中的各种对象,检索和修改数据,主要有 SELECT、INSERT、UPDATE、DELETE 语句。数据控制语言用于安全控制,主要有 GRANT、REVOKE、DENY 等语句。微软为了用户编程的方便,增加了变量、运算符、函数、流程控制语句和注解等语言元素。

4.2.1　变量

变量有两种形式:用户自定义的局部变量和系统提供的全局变量。

局部变量是一个拥有特定数据类型的对象,它的作用范围仅限制在程序内部。局部变量必须先定义后使用,被引用时要在其名称前加上标志"@"。

全局变量是系统内部使用的变量,全局变量在任何程序范围内均起作用。全局变量被引用时要在其名称前加上标志"@@"。全局变量是在服务器定义的,用户只能使用预先定义的全局变量。

注意:局部变量的名称不能与全局变量的名称相同。

4.2.2　DECLARE 语句

1. 格式

格式一:
DECLARE @变量的名称 数据类型[,…n]
格式二:
SELECT @变量的名称＝表达式[,…n]

2. 功能

(1)DECLARE 语句声明局部变量,声明后的变量初始化为 NULL。可以用 SET 或 SE-LECT 语句为局部变量赋值。局部变量的作用域是声明局部变量的批处理、存储过程或语句块。

(2)格式二在声明局部变量的同时,给变量赋值。

(3)局部变量名必须以@开头,并且必须符合标识符规则。

(4)变量不能设置为 text、ntext 或 image 数据类型。

(5)局部变量只能在表达式中出现。

【例 4.1】 定义局部变量@varname、@vardepartment,并为@varname 赋值"李丽",为 @vardepartment 赋值"是管理信息系的学生"。

DECLARE @varname char(8),@vardepartment char(30)

SET @varname ='李丽'

SET @vardepartment =@varname+'是管理信息系的学生'

SELECT @varname as 姓名,@vardepartment as 介绍

【例 4.2】 定义局部变量@varsex、@varsno,并利用这些变量去查找女同学的姓名与 学号。

use studentcourse

DECLARE @varsex char(2),@varsno char(8)

SET@varsex='女'

SELECT 学号,姓名

FROM S

WHERE 性别=@varsex

运行结果如表 4.1 所示。

表 4.1 运行结果(例 4.2)

学 号	姓 名
J0401	李丽
J0402	马俊萍
Q0401	陈小红

注意下述命令与上述命令的区别。下面命令组的功能是将最后一个女同学的学号赋值 给变量@varsno。

DECLARE @varsex char(2),@varsno char(8)

SET@varsex='女'

SELECT@varsno=学号

FROM S

WHERE 性别=@varsex

SELECT@varsno as 学号

运行结果如表 4.2 所示。

表 4.2 运行结果(例 4.2)

学号
Q0401

向变量赋值的 SELECT 语句不能与数据检索操作结合使用。下述命令是错误的:

SELECT@varsno=学号,姓名

FROM S

WHERE 性别=@varsex

【例 4.3】 使用名为@find 的局部变量检索所有陈姓学生的信息。

```
USE STUDENTCOURSE
DECLARE @find varchar(30)
SET@find ='陈%'
SELECT 姓名,学号,系
FROM S
WHERE 姓名 LIKE @find
```

运行结果如表 4.3 所示。

表 4.3　运行结果(例 4.3)

姓　名	学　号	系
陈小红	Q0401	汽车系

【例 4.4】 从 S 中检索 1995 年 1 月 5 日后出生的学生姓名与学号信息。

```
DECLARE @varsex char(2),@vardate datetime
SET@varsex='女'
SET @vardate='80/01/05'
SELECT 姓名,学号,出生日期
FROM S
WHERE 性别=@varsex and 出生日期>=@vardate
```

运行结果如表 4.4 所示。

表 4.4　运行结果(例 4.4)

姓　名	学　号	出生日期
李丽	J0401	2021 - 10 - 13
陈小红	Q0401	2000 - 09 - 01

4.2.3　注释

1. 格式

格式一：

/ * 注释文本 * /

格式二：

--注释文本

2. 功能

多行的注释必须用/ * 和 * /指明。用于多行注释的样式规则是,第一行用/ * 开始,接下来的注释行用 * * 开始,并且用 * /结束注释。

--注释可插入到单独行中或嵌套(只限-)在命令行的末端,用--插入的注释由换行字符分界(结束)。

注释没有最大长度限制。服务器将不运行注释文本。

4.2.4 函数

1.字符函数

(1)SUBSTRING 函数。

格式:SUBSTRING(<字符表达式>,<m>[,<n>])

功能:从字符表达式中的第 m 个字符开始截取 n 个字符,形成一个新字符串,m、n 都是数值表达式。

【例 4.5】 检索所有学生的姓。

```
SELECT distinct SUBSTRING(姓名,1,1)
FROM S
```

运行结果如表 4.5 所示。

表 4.5 运行结果(例 4.5)

无列名
陈
李
马
王
姚
张

【例 4.6】 按要求显示字符串变量子串。

```
DECLARE @ss VARCHAR(20)
SET@ss='我们是管理信息系学生'
SELECT x1 = substring (@ss,4,5), x2 = substring(@ss,9,2)
```

运行结果如表 4.6 所示。

表 4.6 运行结果(例 4.6)

x1	x2
管理信息系	学生

(2)LTRIM 函数。

格式:LTRIM(<字符表达式>)

功能:删除字符串起始空格函数,返回 varchar 类型数据。

(3)RTRIM 函数。

格式:RTRIM(<字符表达式>)

功能:删除字符串尾随空格函数,返回 varchar 类型数据。

【例 4.7】 按要求显示字符串变量。

```
DECLARE @ss VARCHAR(20)
set @ss='中华人民共和国'
SELECT'我爱'+LTRIM(@ss)+RTRIM('她是我们的祖国')
```

运行结果如表 4.7 所示。

表 4.7　运行结果(例 4.7)

无列名
我爱中华人民共和国 她是我们的祖国

(4)RIGHT 函数。

格式:RIGHT(<字符表达式>,<数据表达式>)

功能:返回字符串中从右边开始指定个数的字符,返回 varchar 类型数据。

(5)LEFT 函数。

格式:LEFT(<字符表达式>,<数据表达式>)

功能:返回字符串中从左边开始指定个数的字符,返回 varchar 类型数据。

【例 4.8】　返回每个课程名最右边的 5 个字符。返回每个学生名字中最左边的 1 个字符。

```
SELECT LEFT(姓名,1)as 姓,RIGHT(电话,4)as 电话后四位
FROM S
ORDER BY 学号
```

运行结果如表 4.8 所示。

表 4.8　运行结果(例 4.8)

姓	电话后四位
李	1234
马	1288
王	2233
姚	8848
陈	1122
张	1111

(6)UPPER 函数。

格式:UPPER(<字符表达式>)

功能:将小写字符数据转换为大写的字符表达式,返回 varchar 类型数据。

(7)LOWER 函数。

格式:LOWER(<字符表达式>)

功能:将大写字符数据转换为小写的字符表达式,返回 varchar 类型数据。

(8)REVERSE 函数。

格式:REVERSE(<字符表达式>)

功能:返回字符表达式的反转。返回 varchar 类型数据。

【例 4.9】　以大写、小写两种方式显示课程号,显示反转的课程号。

```
SELECT top 3 LOWER(课程号)as Lower,UPPER(课程号)as Upper,REVERSE(课程号)as Reverse
FROM SC
```

运行结果如表 4.9 所示。

表 4.9　运行结果(例 4.9)

Lower	Upper	Reverce
c01	C01	10C
c02	C02	20C
c03	C03	30C

(9)SPACE 函数。

格式:SPACE(<整数表达式>)

功能:返回由重复的空格组成的字符串。整数表达式的值表示空格个数。返回 char 类型数据。

【例 4.10】　显示学生的姓名和所在系,之间用逗号和 2 个空格分隔。

```
SELECT RTRIM(姓名)+','+SPACE(2)+LTRIM(系)as 学生所在系
FROM S
ORDER BY 姓名
```

运行结果如表 4.10 所示。

表 4.10　运行结果(例 4.10)

学生所在系
陈小红,汽车系
李丽,管理信息系
马俊萍,管理信息系
王永明,管理信息类
姚江,管理信息系
张干劲,汽车系

(10)STUFF 函数。

格式:STUFF(字符表达式 1,m,n,字符表达式 2)

功能:删除指定长度的字符并在指定的起始点插入另一组字符。m,n 是整数,m 指定删除和插入的开始位置,n 指定要删除的字符数,最多删除到最后一个字符。如果 m 或 n 是负数,则返回空字符串。如果 m 比字符表达式 1 长,则返回空字符串。返回 char 类型数据。

(11)CHARINDEX 函数数据。

格式:CHARINDEX(表达式 1,表达式 2[,m])

如果 m 是负数或默认,则将从表达式 2 的起始位置开始搜索。返回 int 类型数据。

功能:在表达式 2 的第 m 个字符开始查找表达式 1 起始字符位置。m 是整数表达式。

(12)LEN 函数。

格式:LEN(字符表达式)

功能:返回给定字符串表达式的字符个数,不包含尾随空格。

(13)ASCII 函数。

格式:ASCII(字符表达式)

功能:返回给定字符串表达式的最左端字符的 ASCII 码值。返回整型值。

(14)CHAR 函数。

格式:CHAR(整数表达式)

功能:用于将 ASCII 码转换为字符,整数表达式的取值范围为 0～255 的整数。

【例 4.11】　将字符串 redgreenblue 中的 green 替换成 black。判断 blue 在字符串 redgreenblue 中的起始位置。判断 blue 字符的长度,返回字符型数据值。

SELECT STUFF('redgreenblue', 4, 5, 'black')

SELECT CHARINDEX('blue', 'redgreenblue') as 起始位置,LEN('blue') as 长度 GO

运行结果如表 4.11 所示。

表 4.11　运行结果(例 4.11)

无列名	起始位置	长度
redblackblue	9	4

2. 数学函数

(1)ABS 函数。

格式:ABS(数字表达式)

功能:返回给定数字表达式的绝对值。

(2)EXP 函数。

格式:EXP(数字表达式)

功能:返回给定数字表达式的指数值。参数数字表达式是 float 类型的表达式。返回 float 类型数据。

(3)SQRT 函数。

格式:SQRT(数字表达式)

功能:返回给定数字表达式的二次方根。参数数字表达式是 float 类型的表达式。返回 float 类型数据。

(4)ROUND 函数。

格式:ROUND(数字表达式,m)

功能:返回数字表达式并四舍五入为指定的长度或精度。返回值是 tinyint、smallint 或 int。使用 ROUND 函数返回值的最后一个数字始终是估计值,如表 4.12 所示。

表 4.12　ROUND 函数的使用

m	ROUND(321.45678,m)
−2	300.0000
−1	320.0000
0	321
1	321.5
2	321.46

(5)RAND 函数。

格式:RAND([seed])

功能:返回 0 到 1 之间的随机 float 值。参数 seed 为整型表达式。

```
SELECT rand() Random_Number
SELECT exp(1),sqrt(4),abs(-5.3)
SELECT round(123.123456,0),round(123.123456,2),round(123.123456,-2)
SELECT abs(-1.0),abs(0.0),abs(1.0)
```

3. 日期和时间函数

日期和时间函数可以处理日期和时间数据,并返回一个字符串、数字值或日期、时间值。

(1)DATEADD 函数。

格式:DATEADD(日期参数,数字,日期)

功能:在向指定日期加上一段时间的基础上,返回新的 datetime 值。日期参数规定了新值的类型,参数有 Year、Month、Day、Week、Hour。

【例 4.12】 查询每个学生出生 21 天和 21 年后的日期。

SELECT 姓名,出生日期,DATEADD(day,21,出生日期)as newtime FROM S

运行结果如表 4.13 所示。

表 4.13 运行结果(例 4.12)

姓 名	出生日期	newtime
李丽	1980-02-12	1980-03-04
马俊萍	1970-12-02	1970-12-23
王永明	1985-12-01	1985-12-22
姚江	1985-08-09	1985-08-30
陈小红	1980-02-12	1980-03-04
张干劲	1978-01-05	1978-01-26

SELECT 姓名,出生日期,DATEADD(year,21,出生日期)as newtime
FROM S

运行结果如表 4.14 所示。

表 4.14 运行结果(例 4.12)

姓 名	出生日期	newtime
李丽	1980-02-12	2001-02-12
马俊萍	1970-12-02	1991-12-02
王永明	1985-12-01	2006-12-01
姚江	1985-08-09	2006-08-09
陈小红	1980-02-12	2001-02-12
张干劲	1978-01-05	1999-01-05

(2)GETDATE 函数。

格式:GETDATE()

功能:返回当前系统的日期和时间。

【例 4.13】 返回当前系统的日期和时间。

SELECT GETDATE()

(3)DAY 函数。

格式:DAY(日期)

功能:返回代表指定日期的"日"部分的整数。返回 int 类型数据。

【例 4.14】　返回日期 03/12/2021 中的日。

SELECT DAY('03/12/2021') AS 'Day Number'

运行结果如表 4.15 所示。

表 4.15　运行结果(例 4.14)

Day Number
03

(4)YEAR 函数。

格式:YEAR(日期)

功能:返回表示指定日期中的年份的整数。返回 int 类型数据。

【例 4.15】　从日期 03/12/2021 中返回年份数。

SELECT 'Year Number'=YEAR('03/12/2021')

运行结果如表 4.16 所示。

表 4.16　执行结果(例 4.15)

Year Number
2021

(5)MONTH 函数。

格式:MONTH(日期)

功能:返回表示指定日期中的月份的整数。返回 int 类型数据。

【例 4.16】　从日期 03/12/2021 中返回月份。

SELECT MONTH ('03/12/2021') as 'Month Number'

运行结果如表 4.17 所示。

表 4.17　运行结果(例 4.16)

Month Number
12

4. 数据转换函数

达梦数据库能够自动处理某些数据类型的转换。例如,char 和 datetime 表达式、small-int 和 int 表达式或不同长度的 char 表达式,这种转换称为隐性转换。达梦数据库提供了转换函数 CAST 和 CONVERT 进行数据类型转换。使用 CAST 或 CONVERT 时,要明确要转换的表达式和要转换成的数据类型。

(1)CAST 函数。

格式:CAST(表达式 as 数据类型)

功能:将指定的表达式转换成对应的数据类型。

(2)CONVERT 函数 。

格式:CONVERT(数据类型[(长度)],表达式[,样式])

功能:样式是指日期格式样式,借以将 datetime 或 smalldatetime 数据转换为字符数据

（nchar、nvarchar、char、varchar、nchar 或 nvarchar 类型数据）；或者字符串格式样式，借以将 float、real、money 或 smallmoney 数据转换为字符数据（nchar、nvarchar、char、varchar、nchar 或 nvarchar 类型数据）。

【例 4.17】 将 SC 表中的成绩列转换为 char(10)，并显示成绩在 80 分以上的学生的学号。

SELECT 学号＋′的成绩为:′＋CAST(成绩 AS varchar(6))as′80 分以上成绩′
FROM SC
WHERE CAST(成绩 AS char(6)) LIKE′8′

或

SELECT 学号＋′的成绩为:′＋CONVERT(varchar(6),成绩)as′80 分以上成绩′
FROM SC
WHERE CONVERT(varchar(6),成绩)LIKE ′8_′

运行结果如表 4.18 所示。

表 4.18 运行结果(例 4.17)

80 分以上成绩
J0401 的成绩:88
J0401 的成绩:89
J0401 的成绩:86
J0402 的成绩:85
J0403 的成绩:82

5. 系统函数

常用系统函数如下：

DB_NAME( ):返回数据库的名称。

HOST_NAME( ):返回服务器端计算机的名称。

HOST_ID( ):返回服务器端计算机的 ID 号。

USER_NAME( ):返回用户的数据库用户名。

【例 4.18】 返回服务器端计算机的名称、服务器端计算机的 ID 号、数据库的用户名、数据库的名称。

SELECT HOST_NAME( ) as 服务器端计算机的名称，HOST_ID( ) as 服务器端计算机的 ID 号，USER_NAME( ) as 数据库的用户名，DB_NAME( ) as 数据库的名称

运行结果如表 4.19 所示。

表 4.19 动行结果(例 4.18)

服务器端计算机的名称	服务器端计算机的 ID 号	数据库的用户名	数据库的名称
WWW-HZ0752-NET	3796	dbo	studentcourse

4.2.5　PRINT

1. 格式

PRINT 文本字符串│@字符数据类型变量│@@返回字符串结果的函数│字符串表达式

2. 功能

将用户定义的消息返回客户端,数据类型是 char 或 varchar,或者能够隐式转换为这些数据类型。若要打印用户定义的错误信息(该消息中包含可由@@ERROR 返回的错误号),须使用 RAISERROR 而不要使用 PRINT。

【**例** 4.19】　使用 CONVERT 函数将 GETDATE 函数的结果转换为 varchar 数据类型,以字符的形式打印机器当前的时间。

PRINT '今天的日期是:'+ RTRIM(CONVERT(varchar(30), GETDATE( ))) + '.'
运行结果如表 4.20 所示。

表 4.20　运行结果(例 4.19)

今天的日期是:02 19 2021 3:32PM

4.3　DM_SQL 控制流语句

4.3.1　BEGIN…END 语句

1. 格式

```
BEGIN
{ SQL 语句
    │语句块
}
END
```

2. 功能

BEGIN…END 语句将多个 SQL 语句组合成一组语句块,并将这些语句块视为一个单元。BEGIN…END 语句块允许嵌套。

4.3.2　IF…ELSE 语句

1. 格式

```
IF 逻辑表达式
    <SQL 语句 1│语句块 1>
[ ELSE
    <SQL 语句 2│语句块 2>]
```

2.功能

IF…ELSE 语句是双分支条件判断语句,根据某个条件的成立与否,来决定执行哪组语句。

如果逻辑表达式返回 TRUE,则执行 IF 关键字条件之后的<SQL 语句 1|语句块 1>;否则执行 ELSE 关键字后的<SQL 语句 2|语句块 2>。执行流程如图 4.1 所示。

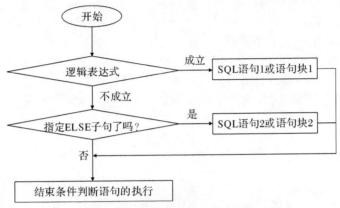

图 4.1　条件判断语句的执行流程

ELSE 关键字是可选的,如果省略 ELSE 关键字,就成为单分支结构语句。如果逻辑表达式中含有 SELECT 语句,则必须用圆括号将 SELECT 语句括起来。

IF…ELSE 语句只能影响一条 SQL 语句,如果有多条语句,则使用控制流关键字 BEGIN 和 END 定义语句块。如果在 IF 区和 ELSE 区都使用了 CREATE TABLE 语句或 SELECT INTO 语句,则必须使用相同的表名。

可以嵌套使用 IF…ELSE 语句。嵌套层数没有限制。

【例 4.20】 查询至少有一门课程成绩大于 80 分的学生人数。

```
DECLARE @num int
SELECT@num=(SELECT count(distinct 学号)
    From SC
    WHERE 成绩>80)
IF @num<>0
    SELECT@num as ′成绩>80 的人数′
```

运行结果如表 4.21 所示。

表 4.21　运行结果(例 4.20)

成绩>80 的人数
4

【例 4.21】 如果"数据库"课程平均成绩高于 75 分,则显示信息"平均成绩高于 75 分"。

```
DECLARE @textl char(20)
SET@text1='平均成绩高于 75 分'
    IF  (SELECT avg(成绩)
        FROM SC,C
        WHERE SC.课程号=C.课程号 and C.课程名='数据库')<=75
BEGIN
        SET@text1='平均成绩<=75 分'
        END
SELECT@textl AS 平均成绩
```

运行结果如表 4.22 所示。

表 4.22　运行结果(例 4.21)

平均成绩
平均成绩高于 75 分

【例 4.22】　如果课程 C03 的平均成绩低于 60,显示"不及格",如果高于 90,显示"优秀",其他则显示"合格"。

```
USE STUDENTCOURSE
DECLARE @g int
SET@g=(SELECT avg(成绩)FROM SC WHERE 课程号=('C03')
IF (@g)<60
    BEGIN
        SELECT cast(@g as char(3))+'不及格'
    END
ELSE
    IF (@g)>90
        SELECT cast(@g as char(3))+'优秀'
    ELSE
        SELECT cast(@g as char(3))+'合格'
```

运行结果如表 4.23 所示。

表 4.23　运行结果(例 4.22)

78　合格

4.3.3　CASE 函数

CASE 函数具备多条件分支结构,计算多个条件表达式的值,并返回符合条件的一个结果表达式的值。

1.格式

CASE 函数具有以下两种格式。

格式 1:简单 CASE 函数。

```
CASE Input_表达式
    WHEN when_表达式 1 THEN result_表达式 1
    ［WHEN when_表达式 2 THEN result_表达式 2］
    ［…n］
    ELSE result_表达式 n］
END
```

格式 2：搜索 CASE 函数。

```
CASE
    WHEN 逻辑表达式 1 THEN result_表达式 1
    ［WHEN 逻辑表达式 2 THEN result_表达式 2］
    ［…n］
    ［
    ELSE result_表达式 n］
END
```

2.说明

(1)ELSE 参数是可选的。

(2)简单 CASE 函数的执行过程。计算 Input_表达式的值，按书写顺序计算每个逻辑条件"Input_表达式＝when_表达式"。返回第一个使逻辑条件"Input_表达式＝when_表达式"为 TRUE 的 result_表达式。

如果所有的逻辑条件"Input_表达式＝when_表达式"为 FLASE，则返回 ELSE 后的 result_表达式 n；如果没有指定 ELSE 子句，则返回 NULL 值。

简单 CASE 函数语句的执行流程如图 4.2 所示。

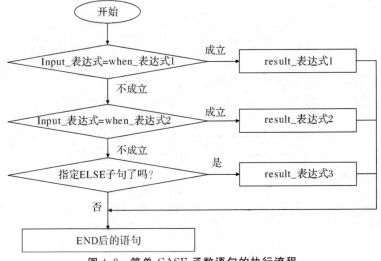

图 4.2　简单 CASE 函数语句的执行流程

(3)CASE 搜索函数的执行过程。按顺序计算每个 WHEN 子句的逻辑表达式。返回第一个使逻辑表达式为 TRUE 的 result_表达式。如果所有的逻辑表达式为 FLASE，则返回 ELSE 后的 result_表达式 n;如果没有指定 ELSE 子句,则返回 NULL 值。

CASE 搜索函数的执行流程如图 4.3 所示。

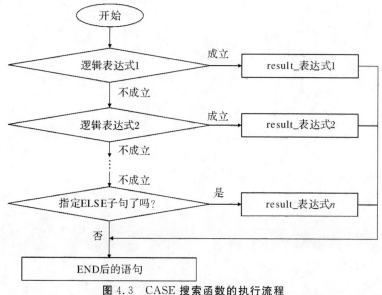

图 4.3　CASE 搜索函数的执行流程

(4)Input_表达式＝when_表达式 2 的数据类型必须相同,或者是隐性转换。

【例 4.23】　使用 CASE 函数设置课程号为 C01 的课程的成绩级别,如果学生课程成绩小于 60,设置类型为"不及格";如果大于或等于 90,设置类型为优秀;其他则设置合格。最后将信息存到"等级"数据表中。

```
USE STUDENTCOURSE
GO
SELECT　学号,级别＝
        CASE
            WHEN　成绩＜60 THEN'不及格'
            WHEN　成绩＞＝90 THEN'优秀'
            ELSE　合格
        END,
    成绩 into 等级
FROM　SC
WHERE 成绩 IS_NOT NUL L and 课程号＝'C01'
```

运行结果产生了一个新的数据表"等级",内容如表 4.24 所示。

表 4.24　运行结果(例 4.23)

学号	级别	成绩
J0401	合格	88
J0402	优秀	90
J0403	合格	76
Q0401	优秀	90
Q0403	合格	60

【例 4.24】 使用 CASE 函数获得学生选修课程名、姓名、成绩信息,并将信息存入到数据表"课程成绩表"中。

```
USE STUDENTCOURSE
GO
SELECT  姓名,课程名=
    CASE 课程号
    WHEN  'C01'  THEN  '数据库'
    WHEN  'C02'  THEN  'C 语言'
    WHEN  'C03'  THEN  '数据结构'
    WHEN  'C04'  THEN  '计算机导论'
    WHEN  'C09'  THEN  '操作系统'
    ELSE 'NULL'
END,
    成绩 as 成绩 into 课程成绩表
    FROM SC,S
        WHERE 成绩 IS NOT NULL and S.学号=SC.学号
GO
```

运行结果产生了一个新的数据表"课程成绩表",内容如表 4.25 所示。

表 4.25　运行结果(例 4.24)

姓 名	课程名	成 绩
李丽	数据库	88
李丽	C 语言	93
李丽	数据结构	66
李丽	计算机导论	89
李丽	NULL	86
马俊萍	数据库	90
马俊萍	C 语言	85
马俊萍	数据结构	77
马俊萍	NULL	70
王永明	数据库	76
王永明	C 语言	67
王永明	数据结构	58
王永明	计算机导论	55
王永明	NULL	82
陈小红	数据库	90
陈小红	NULL	92
张干劲	数据库	77

【例 4.25】 建立视图 cgrade,要求显示学生的学号和课程"数据结构"的成绩,如果学生没有选修此课程,则显示"没有成绩"信息。

```
CREATE VIEW cgrade(学号,成绩)
  as select distinct s.学号,c_grade=
      case
          when exists
            (select 课程号
            from SC
            where SC.学号=S.学号 and SC.课程号=(
                select 课程号
                from C
                where C.课程名='数据结构'))
            then CAST(SC.成绩 as CHAR(4))
      else'没有成绩'
      end
  from S left outer join SC on S.学号=sc.学号
      and
      SC.课程号=(
          select 课程号
          from C
          where C.课程名='数据结构')
```

运行结果产生了一个新的视图 cgrade,内容如表 4.26 所示。

表 4.26　运行结果(例 4.25)

学号	成绩
J0401	66
J0402	77
J0403	58
J0404	没有成绩
Q0401	没有成绩
Q0403	没有成绩

4.3.4　GOTO

1. 格式

```
GOTO label        --改变执行
...
label：            --定义标签
```

2. 功能

GOTO 语句将程序流程直接跳到指定标签处。标签定义位置可以在 GOTO 之前或之后。

标签符可以是数字和字符的组合,但必须以“:”结尾。在 GOTO 语句之后的标签不能跟“:”。

GOTO 语句和标签可在过程、批处理或语句块中的任意位置使用,但不可跳转到批处理之外的标签处。GOTO 语句可嵌套使用。

【例 4.26】 利用 GOTO 语句求 1,2,3,4,5 之和。

```
DECLARE @sum int,@count int
SELECT @sum=0,@count=1
LABEL1：
SELECT @sum=@sum+@count
SELECT @count=@count+1
IF @count<=5
    GOTO labell
SELECT@count-1 as 计数,@sum as 累和
```

运行结果如表 4.27 所示。

表 4.27 运行结果(例 4.26)

计数	累和
5	15

4.3.5 WHILE…CONTINUE…BREAK 语句

1. 格式

```
WHILE 逻辑表达式
    {SQL 语句|语句块}
    [BREAK ]
    {SQL 语句|语句块}
[CONTINUE ]
```

2. 说明

(1)如果逻辑表达式中含有 SELECT 语句,必须用圆括号将 SELECT 语句括起来。

(2)当逻辑表达式为真时,重复执行 SQL 语句或语句块,直到逻辑表达式为假。可以使用 BREAK 和 CONTINUE 语句改变 WHILE 循环的执行。

(3)END 关键字为循环结束标记。

(4)BREAK 语句可以完全退出本层 WHILE 循环,执行 END 后面的语句。

(5)CONTINUE 语句回到循环的第一行命令,重新开始循环。CONTINUE 关键字后的语句被忽略。

【例 4.27】 如果平均成绩少于 60 分,就将成绩加倍,然后选择最高成绩。如果最高成绩少于或等于 80 分,继续将成绩加倍。直到最高成绩超过 80 分,并打印最高成绩。

```
USE STUDENTCOURSE
GO
WHILE(SELECT AVG(成绩)FROM SC)<60
BEGIN
    UPDATE SC
        SET 成绩=成绩*2
    SELECT MAX(成绩) FROM SC
    IF  (SELECT MAX(成绩)FROM SC)>80
        BREAK
    ELSE
        CONTINUE
END
PRINT'平均成绩大于 60 分或者最高成绩大于 80 分。'
```

【例 4.28】　显示字符串 green 中每个字符的 ASCII 码的值和字符。

```
DECLARE @position int，@string char(8)
SET @position=1
SET @string='green'
WHILE @position<=datalength(@string)
BEGIN
    SELECT ASCII(SUBSTRING(@string,@position,1)) as 'ASCII 码',
    CHAR(ASCII(SUBSTRING(@string,@position,1))) as'字母'
    SET @position=@position+1
END
```

运行结果如表 4.28 所示。

表 4.28　运行结果(例 4.28)

ASCII 码	字母
103	g

ASCII 码	字母
114	r

ASCII 码	字母
101	e

ASCII 码	字母
110	n

4.4 用户自定义函数

4.4.1 标量函数

1.格式

```
CREATE FUNCTION[拥有者.]函数名
([{@形参名1[as]数据类型1[=默认值]}[,…n]])
RETURNS 返回值的类型
[WITH <{ ENCRYPTION | SCHEMABINDING }>[,…n]]
[as]
BEGIN
    函数体
    RETURN 标量表达式
END
```

2.说明

(1)函数可以声明一个或多个形式参数（简称形参），最多可达1 024个形参。执行函数时，需要提供形参的值，除非该形参定义了默认值。指定"default"关键字，就能获得默认值。

(2)每个函数的形参仅用于该函数本身；不同的函数，可以使用相同的形参。

(3)函数体由一组SQL语句构成。

(4)建立函数命令必须是批处理命令的第一条命令。

【例4.29】建立标量函数studentsum，计算某个学生各科成绩之和。

```
USE STUDENTCOURSE
GO
CREATE FUNCTION studentsum(@st_sname char(8)) returns int
    as
    BEGIN
        DECLARE @sumgrade int
        SELECT @sumgrade=
    (
        SELECT sum(SC.成绩)
        FROM SC
```

```
          WHERE    学号＝(
                SELECT 学号
                FROM S
                WHERE 姓名＝@st sname)
          GROUP BY 学号
        )
      RETURN @sumgrade
END
GO
```

3.标量函数的调用

(1)在 SELECT 语句中调用。

格式:SELECT 拥有者.函数名(实参1,…,实参 n)

说明:实参可为已赋值的局部变量或表达式。实参与形参要顺序一致。

(2)使用 EXEC 语句调用。

格式 1:EXEC 拥有者.函数名 实参1,…,实参 n。

格式 2:EXEC 拥有者.函数名 形参1＝实参1,…,形参 n＝实参 n

说明:格式1要求实参与形参顺序一致,格式2的参数顺序可与定义时的参数顺序不一致。

【例 4.30】　调用标量函数 studentsum,计算陈小红同学各科成绩之和。

方法一:

```
USE STUDENTCOURSE
select dbo. studentsum('陈小红')
```

方法二:

```
USE STUDENTCOURSE
DECLARE @st_grade int
EXEC@st_grade＝dbo. studentsum'陈小红'
SELECT@st_grade as 总成绩
```

方法三:

```
USE STUDENTCOURSE
exec dbo. studentsum'陈小红'
```

方法四:

```
USE STUDENTCOURSE
DECLARE @st_grade int
EXEC@st_grade＝dbo. studentsum @st_sname＝'陈小红'
SELECT@st_grade as 总成绩
```

运行结果如表 4.29 所示。

表 4.29 **运行结果(例** 4.30**)**

总成绩
182

【例 4.31**】** 在学生选课数据库中,函数 studentsum 已经定义,建立数据表 s_g,要求包含学生姓名、各科成绩之和。

```
USE STUDENTCOURSE
CREATE TABLE S_g
(
    姓名 char(8),
    sumgrade as dbo. studentsum(姓名)
)
```

在对象资源管理器中打开数据表 s_g,在列姓名输入姓名"陈小红",单击工具栏上的按钮"!",相应列 sumgrade 上的成绩自动出现。

4.4.2 内嵌表值函数

1. 格式

```
CREATE FUNCTION[拥有者.]函数名
([{@参数名 1[AS]数据类型 1[=默认值]}[,…n]])
RETURNS Table
[WITH <{ ENCRYPTION | SCHEMABINDING }>[,…n]]
[as]
RETURN[(内嵌表)]
```

2. 说明

在内嵌表值函数中,返回值是一个表。内嵌函数体没有相关联的返回变量。通过 SELECT 语句返回内嵌表。RETURN[(内嵌表)]定义了单个 SELECT 语句,它是返回值。

内嵌表值函数可以实现参数视图。例如,下述命令创建了一个视图,此视图可以完成查询"数据结构"课程的学生成绩列表。

```
CREATE view coursegradeview as
SELECT 学号,课程名,成绩
    FROM C,SC
        WHERE SC. 课程号=C. 课程号 and C. 课程名="数据结构"
```

如果要让用户指定课程进行查询,则不能将命令改成如下形式:

```
DECLARE @paral varchar(30)
GO
CREATE view coursegradeview as
SELECT 学号,课程名,成绩
FROM C,SC
WHERE SC. 课程号=C. 课程号 and C. 课程名=@paral
```

上述命令企图借用参数@paral 来传递数据,但视图不支持在 WHERE 子句中指定搜索条件。

【例 4.32】　定义内嵌表值函数 coursegrade,要求能够查询某一课程所有学生成绩列表。

```
USE STUDENTCOURSE
GO
CREATE FUNCTION coursegrade
(@course varchar(30))
RETURNS TABLE
as
RETURN(SELECT 学号,课程名,成绩
    FROM C,SC
    WHERE SC.课程号=C.课程号 and C.课程名=@course)
```

3. 内嵌表值函数调用

格式:select * from[数据库名][.拥有者](实参 1,…实参 n)

说明:内嵌表值函数只能使用 SELECT 语句调用。

【例 4.33】　查询课程“数据结构”的成绩列表。

```
select *
    from coursegrade('数据结构')
```

运行结果如表 4.30 所示。

表 4.30　运行结果(例 4.33)

课程号	课程名	成绩
J0401	数据结构	99
J0402	数据结构	78
J0403	数据结构	58

习　　题

1. 在一张成绩表中存有学号、姓名、成绩值。根据成绩显示优(90 分以上),良(80~90 分),中(70~80 分),及格(60~70 分),不及格(60 分以下)。

2. DM_SQL 编程实现一个函数,可以判断变量是字母、数字还是其他字符,并输出其类型。

3. DM_SQL 编程实现一个函数,可以输出所有 3 000 以内能被 17 整除的数。

4. 编程实现函数,通过辗转相除法解两个正整数的最大公约数。

5. DM_SQL 编程实现一个函数,可以将十进制数转换为二进制字符串。

第 5 章 数据库对象管理

本章主要介绍数据库及数据表的有关操作及相关概念,主要包括达梦数据库的创建、修改、删除,以及表空间与表的创建、修改、删除等基本操作。

5.1 数据库的创建与管理

5.1.1 SQL 的分类

标准 SQL 可以完成数据查询、数据定义和数据控制等功能,几乎贯穿了数据库生命周期中的全部活动。SQL 的关键字及其功能见表 5-1。

表 5.1 SQL **的关键字及其功能**

关键字	功能
SELECT,INSERT,UPDATE,DELETE	数据操作
CREATE, DROP,ALTER	数据定义
GRANT,DEN REVOKE	数据控制

SELECT 用于数据的查询,INSERT 用于数据的插入,DELETE 用于删除数据,UPDATE用于修改数据。

CREATE 用于创建表、视图、索引、存储过程、触发器等,DROP 用于删除,ALTER 用于修改。

GRANT 用于设置对数据库中数据操作的权限,DENY 用于禁止用户或角色不能执行某项操作,REVOKE 用于废除以前用户或角色所具有的允许权限或拒绝权限。

SQL 主要分为以下几类:

(1)数据定义语言(Data Manipulation Language,DDL)——用于创建、修改和销毁数据表、索引、视图等数据库对象。

(2)数据操作语言(Data Definition Language,DML)——用于在数据库中检索、计算、插入、编辑和删除数据。

(3)数据控制语言(Data Control Language,DCL)——用于授权某些用户查看、更改、删除数据或数据库对象。数据库事务管理功能和数据保护功能,可设置对数据库中数据操作的权限,对数据库提供完整性约束控制,用于保证数据库中数据的完整性,控制数据库的安全性,并提供了多用户并发恢复的功能,支持事务提交和回滚等。

同时 SQL 支持关系数据库的三级模式(见图 5.1)结构:外模式对应于视图和部分基表;模式对应于基表;内模式对应于存储文件。一个存储文件对应一个基表,一个基表可对应多个视图,一个视图可由多个基本表导出,一个视图可以由多个用户访问,一个用户也可以访问多个视图,用户也可直接访问多个基表。

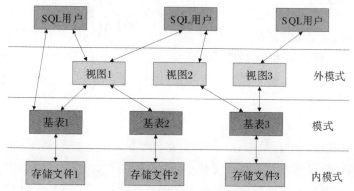

图 5.1 SQL 支持的数据库模式

DM_SQL 支持关系数据库的三级模式,外模式对应于视图和部分基表,模式对应于基表,基表是独立存在的表。一个或若干个基表存放于一个存储文件中,存储文件中的逻辑结构组成了关系数据库的内模式。DM_SQL 本身不提供对内模式的操作语句。视图是从基表或其他视图上导出的表,DM 只将视图的定义保存在数据字典中。该定义实际为查询语句,再为该查询语句定义一个视图名。每次调用该视图时,实际上是执行其对应的查询语句,导出的查询结果即为该视图的数据。因此视图并无自己的数据,它是一个虚表,其数据仍存放在导出该视图的基表之中。当基表中的数据改变时,视图中查询的数据也随之改变。因此,视图类似于一个窗口,用户透过它可看到自己权限内的数据。视图一旦定义,也可以为多个用户所共享,对视图作类似于基表的一些操作就像对基表一样方便。

5.1.2 数据库的组成

数据库的逻辑存储结构指的是数据库由哪些性质的信息所组成,数据库不仅仅只是数据的存储,所有与数据处理操作相关的信息都存储在数据库中。实际上,数据库是由诸如表、视图、索引等各种不同的数据库对象所组成的,它们分别用来存储特定信息并支持特定功能,构成数据库的逻辑存储结构。

数据库的物理存储结构则是讨论数据库文件是如何在磁盘上存储的。数据库在磁盘上是以文件为单位存储的。

(1)逻辑存储结构:面向用户的可视部分,包含数据库逻辑组成等特定信息。

(2)物理存储结构:磁盘上存储的数据库文件。

数据库由一个或多个表空间组成,每个表空间由一个或多个数据文件组成。

达梦数据库中的各类数据在磁盘上存放,主要包括数据文件、日志文件、控制文件以及配置文件等。达梦数据库通过大量的物理存储结构来保存和管理用户数据。

(1)数据文件：数据文件以.dbf 为扩展名，它是数据库中最重要的文件类型。一个达梦数据文件对应磁盘上的一个物理文件，数据文件是数据真实存储的地方，每个数据库至少有一个与之相关的数据文件。在实际应用中，通常有多个数据文件。

(2)日志文件：存储所有事务以及每个事务对数据库所做的修改，以用于数据库的恢复。每个数据库必须有一个或多个日志文件，以.log 为默认扩展名。

(3)控制文件：每个达梦数据库都有一个名为 dm.ctl 的控制文件。控制文件是一个二进制文件，它记录了数据库必要的初始信息。

(4)配置文件：配置文件是达梦数据库用来设置功能选项的一些文本文件的集合，配置文件以.int 为扩展名。

主流的 SQL Server 用文件来存储数据库，数据库文件有 3 类。

(1)主数据文件(Primary Database File)：存放数据。这是数据库的起点，指向数据库中的其他文件。每个数据库都必须有且仅有一个主数据文件，以.mdf 为默认扩展名。该文件包含的系统表格记载数据库中对象及其他文件的位置信息。

(2)次数据文件(Secondary)：存放数据，以.ndf 为默认扩展名，可有可无，主要在一个数据库跨多个硬盘驱动器时使用。

(3)事务日志文件(Transaction Log)：简称日志文件，用于存放数据，以.ldf 为默认扩展名。

5.1.3　数据库的创建

通过达梦数据库配置助手可以完成数据库的创建与删除，如图 5.2～图 5.4 所示。

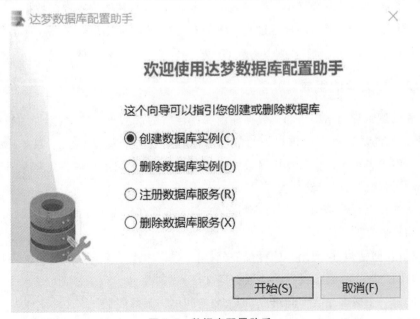

图 5.2　数据库配置助手

图 5.3　创建数据库目录

图 5.4　创建学生管理数据库

按照提示要求逐步完成数据库标识、文件、参数、口令等基本设置。

数据文件的空间用完以后可以自动扩展空间,也可以通过 maxsize 命令限制数据文件自动扩展的最终大小。

5.1.4　数据库的修改

一个数据库创建成功后,数据库的要求可能会发生改变,这时也必须对数据库和事务日志进行修改。数据库中的数据和日志文件能被增加或删除,或者改变数据文件或日志文件的大小和增长方式。可以修改数据库的状态和模式,还可以进行归档配置。具备数据库管理员权限的用户,才能完成数据库的修改。

基本语法结构:

> ALTER DATABASE < 修改数据库语句 >;
>
> <修改数据库语句 >::= RESIZE LOGFILE < 文件路径 > TO < 文件大小 >|
>
> ADD LOGFILE < 文件说明项 >{,< 文件说明项 >}|
>
> ADD NODE LOGFILE < 文件说明项 >,< 文件说明项 >{,< 文件说明项 >}|
>
> RENAME LOGFILE < 文件路径 >{,< 文件路径 >} TO < 文件路径 >{,< 文件路径 >}|
>
> MOUNT | SUSPEND | OPEN [FORCE] | NORMAL | PRIMARY | STANDBY | ARCHIV ELOG | NOARCHIVELOG |
>
> <ADD|MODIFY|DELETE> ARCHIVELOG < 归档配置语句 >|
>
> ARCHIVELOG CURRENT
>
> <文件说明项 > ::= < 文件路径 >SIZE < 文件大小 >
>
> <归档配置语句 >::= DEST = < 归档目标 >,TYPE = < 归档类型 >
>
> <归档类型 >::=
>
> LOCAL [<文件和路径设置 >]|
>
> REALTIME |
>
> ASYNC ,TIMER_NAME = < 定时器名称 >| REMOTE ,INCOMING_ PATH = <远程归档路径 >[< 文件和路径设置 >]| TIMELY
>
> <文件和路径设置 >::=[,FILE_SIZE = < 文件大小 >][,SPACE_LIMIT = < 空间大小限制 >]

说明:

(1)<文件路径>:指明被操作的数据文件在操作系统下的绝对路径(路径+数据文件名)。例如:C:\DMDBMS\data\log_0. log。

(2)<文件大小>:整数值,单位为 MB。

(3)ADD FILE 既可以添加数据文件,也可以添加日志文件,以物理文件名的扩展名为标识。

(4)<归档目标>:指归档日志所在位置。若本地归档,则为本地归档目录;若远程归档,则为远程服务实例名;删除操作,只需指定归档目标。

(5)<归档类型>:指归档操作类型,包括 REALTIME/ASYNC/LOCAL/REMOTE/TIMELY,分别表示远程实时归档/远程异步归档 /本地归档/远程归档/主备即时归档。

(6)<空间大小限制>:整数值,范围为 1 024～4 294 967 294,若设为 0,表示不限制,仅本地归档有效。

(7)<定时器名称>:异步归档中指定的定时器名称,仅异步归档有效。

假设数据库 STUDENT 页面大小为 8 KB,数据文件存放路径为 C:\DMDBMS\data。

【例 5.1】 给数据库增加一个日志文件 C:\DMDBMS\data\dmlog_0. log,其大小为 300 MB。

```
ALTER DATABASE
ADD LOGFILE
'C:\DMDBMS\data\dmlog_0.log'
SIZE 300
```

【例 5.2】　扩展数据库中的日志文件 C:\DMDBMS\data\dmlog_0.log,使其大小增大为 400 MB。

```
ALTER DATABASE
RESIZE LOGFILE
'C:\DMDBMS\data\dmlog_0.log' TO 400
```

【例 5.3】　设置数据库状态为 MOUNT。

```
ALTER DATABASE MOUNT
```

【例 5.4】　设置数据库状态为 OPEN。

```
ALTER DATABASE OPEN
```

【例 5.5】　重命名日志文件 C:\DMDBMS\data\dmlog_0.log 为 d:\dmlog_1.log,即更改文件路径。

```
ALTER DATABASE MOUNT;
ALTER DATABASE RENAME LOGFILE
'C:\DMDBMS\data\dmlog_0.log' TO 'd:\dmlog_1.log';
ALTER DATABASE OPEN
```

结果如图 5.5 所示。

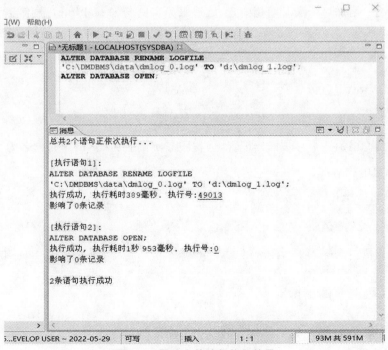

图 5.5　更改文件路径执行结果

【例 5.6】 设置数据库模式为 PRIMARY。

```
ALTER DATABASE MOUNT;

ALTER DATABASE PRIMARY;

ALTER DATABASE OPEN FORCE ;
```

【例 5.7】 设置数据库归档模式为非归档。

```
ALTER DATABASE MOUNT;

ALTER DATABASE NOARCHIVELOG;
```

【例 5.8】 设置数据库归档模式为归档。

```
ALTER DATABASE MOUNT;

ALTER DATABASE ARCHIVELOG;
```

【例 5.9】 增加本地归档配置,归档目录为 c:\arch_local,文件大小为 128 MB,空间限制为 1 024 MB。

```
ALTER DATABASE MOUNT;

ALTER DATABASE

ADD ARCHIVELOG

'DEST = c:\arch_local,TYPE=local, FILE_SIZE=128, SPACE_LIMIT = 1024'
```

【例 5.10】 增加一个实时归档配置,远程服务实例名为 realtime,需事先配置 mail。

```
ALTER DATABASE MOUNT;

ALTER DATABASE

ADD ARCHIVELOG

'DEST = realtime, TYPE = REALTIME'
```

【例 5.11】 增加一个异步归档配置,远程服务实例名为 asyn,定时器名为 timer1,需事先配置好 mail 和 timer。

```
ALTER DATABASE MOUNT;

ALTER DATABASE ADD ARCHIVELOG 'DEST = asyn, TYPE = ASYNC,
TIMER_NAME = timer1';
```

5.1.5 数据库的删除

删除数据库之前,要停止数据库服务,然后通过数据库配置助手进行删除操作,如图 5.6、图 5.7 所示。

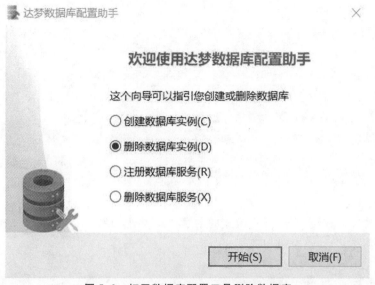

图 5.6 打开数据库配置工具删除数据库

图 5.7 删除数据库完成

5.2 模式的创建与管理

5.2.1 模式的定义

模式定义语句创建一个架构，并且可以在概念上将其看作是包含表、视图和权限定义的对象。在达梦数据库管理系统中，一个用户可以创建多个模式，一个模式只属于一个用户，但一个模式中的对象（表、视图）可以被授权给多个用户使用。系统为每一个用户自动建立了一个与用户名同名的模式作为默认模式，用户还可以用模式定义语句建立其他模式。

基本语法格式:

> <模式定义子句1>│<模式定义子句2>
>
> <模式定义子句1> ::= CREATE SCHEMA <模式名> [AUTHORIZATION <用户名>][<DDL_GRANT 子句>{< DDL_GRANT 子句>}];
>
> <模式定义子句2> ::= CREATE SCHEMA AUTHORIZATION <用户名> [<DDL_GRANT 子句>{< DDL_GRANT 子句>}];
>
> <DDL_GRANT 子句> ::= <基表定义>│<域定义>│<基表修改>│<索引定义>│<视图定义>│<序列定义>│<存储过程定义>│<存储函数定义>│<触发器定义>│<特权定义>│<全文索引定义>│…

其中:

(1)<模式名>:指明要创建的模式的名字,最大长度 128 B;

(2)<基表定义>:建表语句;

(3)<域定义>:域定义语句;

(4)<基表修改>:基表修改语句;

(5)<索引定义>:索引定义语句;

(6)<视图定义>:建视图语句;

(7)<序列定义>:建序列语句;

(8)<存储过程定义>:存储过程定义语句;

(9)<存储函数定义>:存储函数定义语句;

(10)<触发器定义>:建触发器语句;

(11)<特权定义>:授权语句;

(12)<全文索引定义>:全文索引定义语句。

【例 5.12】 用户 SYSDBA 创建模式 student,建立的模式属于 SYSDBA。

CREATE SCHEMA student

AUTHORIZATION SYSDBA

说明:

(1)在创建新的模式时,如果已存在同名的模式,或存在能够按名字不区分大小写匹配的同名用户时(此时认为模式名为该用户的默认模式),那么创建模式的操作会被跳过,而如果后续还有 DDL 子句,根据权限判断是否可在已存在模式上执行这些 DDL 操作。

(2)AUTHORIZATION <用户名>标识了拥有该模式的用户;它是为其他用户创建模式时使用的;缺省拥有该模式的用户为 SYSDBA。

(3)使用该语句的用户必须具有 DBA 或 CREATE SCHEMA 权限。

(4)DM 使用 DMSQL 程序模式执行创建模式语句,因此创建模式语句中的标识符不能使用系统的保留字。

(5)定义模式时,用户可以用单条语句同时建多个表、视图,同时进行多项授权。

(6)模式一旦定义,该用户所建基表、视图等均属该模式,其他用户访问该用户所建立的基表、视图等均需在表名、视图名前冠以模式名;而建表者访问自己当前模式所建表、视图时模式名可省;若没有指定当前模式,系统自动以当前用户名作为模式名。

(7)模式定义语句中的基表修改子句只允许添加表约束。

(8)模式定义语句中的索引定义子句不能定义聚集索引。

(9)模式未定义之前,其他用户访问该用户所建的基表、视图等均需在表名前冠以建表者名。

(10)模式定义语句不允许与其他 SQL 语句一起执行,可以通过达梦数据库管理工具进行模式的创建:选中"模式",单击右键,在弹出的菜单中选择"新建模式",如图 5.8 所示。

图 5.8 新建模式

输入模式名"student",选择模式的拥有者,如图 5.9 所示。

图 5.9 确定模式名和模式拥有者

5.2.2　模式的设置

当用户拥有多个模式时，可以指定一个模式为当前默认模式，通过 SQL 语言设置实现。
基本语法格式：

SET SCHEMA ＜模式名＞

例如 SYSDBA 用户将当前的模式从 SYSDBA 换到 student 模式。

SET SCHEMA STUDENT；

通过达梦管理工具完成模式的设置。启动达梦管理工具，新建查询，输入 SET SCHE-MA STUDENT。达梦数据库执行 SQL 语句时，会自动将数据对象名转换成大写，如果不需要强制转换，可以通过双引号将数据对象名括起来。执行语句，结果如图 5.10 所示。

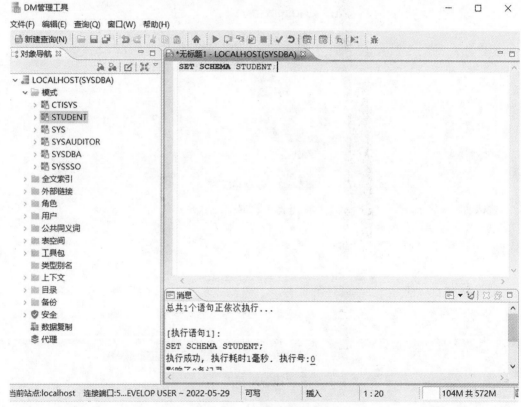

图 5.10　设置当前模式

注意：只能设置属于自己的模式。

5.2.3　模式的删除

在达梦数据库系统中，允许用户删除整个模式。当模式下有表或视图等数据库对象时，必须采用级联删除，否则无法成功。如果使用 CASCADE 选项，则将整个模式、模式中的对象，以及与该模式相关的依赖关系都删除。若指定 IF EXISTS 关键字，删除不存在的模式不会报错；如果使用 RESTRICT 选项，只有当模式为空时删除才能成功，否则，当模式中存在数据库对象时则删除失败。默认选项为 RESTRICT 选项。

基本语法结构：

DROP SCHEMA [IF EXISTS] <模式名> [RESTRICT | CASCADE];

其中，<模式名>指要删除的模式名。

通过模式删除语句可以供具有数据库管理员角色的用户或该模式的拥有者删除模式。

【例 5.13】　以 SYSDBA 身份登录数据库后，删除数据库中模式 student。

DROP SCHEMA STUDENT CASCADE

5.3　表空间的创建与管理

5.3.1　表空间的创建

前面介绍了数据定义语言 DDL，这里通过数据定义语言，来实现表空间对象的管理。表空间是一个比较重要的逻辑概念，表空间由物理数据文件组成。表空间是对数据库的逻辑划分，一个数据库有多个表空间，一个表空间对应磁盘上一个或多个数据库文件。从物理存储结构上看，数据库的对象，如表、视图、索引、序列、存储过程等存储在磁盘的数据文件中，也就是所属表空间的数据文件中；从逻辑存储结构上讲，达梦数据库中的所有对象在逻辑上都存放在表空间中。在创建达梦数据库时，会自动创建 5 个表空间：SYSTEM 表空间、ROLL 表空间、MAIN 表空间、TEMP 表空间和 HMAIN 表空间。

创建表空间过程就是在磁盘上创建一个或多个数据文件的过程。这些数据文件被数据库管理系统拥有，所占磁盘存储空间归数据库所有，磁盘空间也随着存储数据的增加而不断扩展。

基本语法结构：

CREATE TABLESPACE <表空间名> <数据文件子句>[<数据页缓冲池子句>]
[<存储加密子句>][<指定 DFS 副本子句>]

　<数据文件子句> ::= DATAFILE <文件说明项>{,<文件说明项>}

　<文件说明项> ::= <文件路径>[MIRROR <文件路径>] SIZE <文件大小>
[<自动扩展子句>]

　<自动扩展子句> ::= AUTOEXTEND <ON [<每次扩展大小子句>][<最大大小子句> |OFF>

　<每次扩展大小子句> ::= NEXT <扩展大小>

　<最大大小子句> ::= MAXSIZE <文件最大大小>

　<数据页缓冲池子句> ::= CACHE ＝ <缓冲池名>

　<存储加密子句> ::= ENCRYPT WITH <加密算法> [[BY] <加密密码>]

　<指定 DFS 副本子句> ::= [<指定副本数子句>][<副本策略子句>]

　<指定副本数子句> ::= COPY <副本数>

　<副本策略子句> ::= GREAT | MICRO

说明:

(1)<表空间名>:表空间的名称,最大长度 128 B。

(2)<文件路径>:指明新生成的数据文件在操作系统下的路径+新数据文件名。数据文件的存放路径符合 DM 安装路径的规则,且该路径必须是已经存在的。

(3)MIRROR:数据文件镜像,用于在数据文件出现损坏时替代数据文件进行服务;MIRROR 数据文件的<文件路径>必须是绝对路径。要使用数据文件镜像,必须在建库时开启页校验的参数 PAGE_CHECK。

(4)<文件大小>:整数值,指明新增数据文件的大小(单位 MB),取值范围为 4 096×页大小~2 147 483 647×页大小。

(5)<副本数>:表空间文件在 DFS 中的副本数,默认为 DMDFS. INI 中的 DFS_COPY_NUM 的值。

(6)<副本策略子句>:指定管理 DFS 副本的区块——宏区(GREAT)或是微区(MI-CRO)。

创建表空间的用户必须为具有权限的用户,表空间名在数据库中必须唯一。一个表空间中,数据文件和镜像文件的总和不能超过 256 个,如果全库已经加密,就不再支持表空间加密。

【例 5.14】 以管理员身份登录数据库后,创建表空间 XSGL,指定数据文件 XSGL. dbf,大小 128MB。

```
CREATE TABLESPACE XSGL
DATAFILE ´c:\X. dbf´ SIZE 128
```

注意: 在 SQL 命令中,文件大小的默认单位为 MB。

【例 5.15】 以管理员身份登录数据库后,创建表空间 XSGL,包含两个数据文件,其中 X1. dbf 文件可自动扩展,每次扩展 4 MB,最大扩展至 256 MB,X2. dbf 文件初始大小为 128 MB,不能自动扩展。

```
CREATE TABLESPACE XSGL
DATAFILE ´c:\X1. dbf´ SIZE 128
AUTOEXTEND ON NEXT 4
MAXSIZE 256,
´c:\X2. dbf´ SIZE 128
AUTOEXTEND OFF
```

5.3.2 表空间的修改

数据库管理系统中数据量是不断发生变化的。这就导致了初始创建的空间表无法满足数据存储的需要,应及时对表空间进行修改,调整数据文件和数据文件的大小。

基本语法结构:

ALTER TABLESPACE ＜表空间名＞ ［ONLINE｜OFFLINE｜CORRUPT｜＜表空间重命名子句＞｜

　　＜数据文件重命名子句＞｜＜增加数据文件子句＞｜＜修改文件大小子句＞｜＜修改文件自动扩展子句＞｜＜数据页缓冲池子句＞］

　　＜表空间重命名子句＞ ::= RENAME TO ＜表空间名＞

　　＜数据文件重命名子句＞::= RENAME DATAFILE ＜文件路径＞{,＜文件路径＞} TO ＜文件路径＞{,＜文件路径＞}

　　＜增加数据文件子句＞ ::= ADD ＜数据文件子句＞

　　＜修改文件大小子句＞ ::= RESIZE DATAFILE ＜文件路径＞ TO ＜文件大小＞

　　＜修改文件自动扩展子句＞ ::= DATAFILE ＜文件路径＞{,＜文件路径＞}［＜自动扩展子句＞］

　　＜数据页缓冲池子句＞ ::= CACHE ＝ ＜缓冲池名＞

说明：

＜表空间名＞:表空间的名称。

＜文件路径＞:指明数据文件在操作系统下的路径＋新数据文件名。数据文件的存放路径符合 DM 安装路径的规则,且该路径必须是已经存在的。

＜文件大小＞:整数值,指明新增数据文件的大小(单位 MB)。

＜缓冲池名＞:系统数据页缓冲池名 NORMAL 或 KEEP。

修改表空间数据文件的大小时,只能扩大,不能缩小。存在未提交事务时,表空间不能修改为 OFFLINE 状态,重命名表空间数据文件时需要先使表空间处于 OFFLINE 状态,修改完成后再修改成 ONLINE 状态。表空间发生损坏(表空间还原失败,或者数据文件丢失或损坏)的情况下,允许将表空间切换为 CORRUPT 状态,并删除损坏的表空间。如果表空间上定义有对象,需要先将所有对象删除,再删除表空间。

【例 5.16】　将表空间 XSGL 名字修改为 XSGL1。

ALTER TABLESPACE XSGL RENAME TO XSGL1

【例 5.17】　增加一个路径为 c:\ XSGL1.dbf,大小为 128 MB 的数据文件到表空间 XSGL1。

ALTER TABLESPACE XSGL1

ADD DATAFILE ´c:\ XSGL1.dbf´ SIZE 128

【例 5.18】　修改表空间 XSGL1 中数据文件 c:\ XSGL1.dbf 的大小为 200 MB。

ALTER TABLESPACE XSGL1

RESIZE DATAFILE ´c:\XSGL1.dbf TO 200

【例 5.19】　重命名表空间 XSGL1 的数据文件 c:\ XSGL1.dbf 为 d:\ XSGL2.dbf。

ALTER TABLESPACE XSGL1 OFFLINE;

ALTER TABLESPACE XSGL1 RENAME DATAFILE ´c:\XSGL1.dbf´ TO ´d:\XS-GL2.dbf´;

ALTER TABLESPACE XSGL1 ONLINE;

注意：重命名数据文件时，必须先设置表空间为离线状态，才可以重命名，最后再设置数据文件在线。

【例 5.20】 修改表空间 XSGL1 的数据文件 d:\ XSGL2. dbf 自动扩展属性为每次扩展 10 MB，最大文件大小为 1 GB。

```
ALTER TABLESPACE XSGL1
DATAFILE 'd:\XSGL2. dbf'
AUTOEXTEND ON NEXT 10 MAXSIZE 1024;
```

【例 5.21】 修改表空间 XSGL1 缓冲池名字为 KEEP。

```
ALTER TABLESPACE XSGL1
CACHE="KEEP";
```

【例 5.22】 修改表空间为 CORRUPT 状态，注意只有在表空间处于 OFFLINE 状态或表空间损坏的情况下才允许使用。

```
ALTER TABLESPACE XSGL1 CORRUPT;
```

5.3.3 表空间的删除

表空间中存储了表、视图、索引等数据对象，删除表空间会带来数据的损失，因此数据库管理系统对删除表空间有严格的限制。

基本语法结构：

```
DROP TABLESPACE [IF EXISTS] <表空间名>
```

删除不存在的表空间会报错。若指定 IF EXISTS 关键字，删除不存在的表空间则不会报错。SYSTEM、RLOG、ROLL 和 TEMP 表空间不允许删除；系统处于 SUSPEND 或 MOUNT 状态时不允许删除表空间，系统只有处于 OPEN 状态下才允许删除表空间；如果表空间中存放了数据，则不允许删除表空间，必须先要删除表空间中的数据对象，才能删除表空间。

【例 5.23】 以管理员身份登录数据库后，删除表空间 XSGL1。

```
DROP TABLESPACE XSGL1
```

5.4 数据表的创建与管理

表是数据库中用来存储数据的对象，是有结构的数据的集合，是数据库中数据存储的基本单元，是整个数据库系统的基础。表定义为行和列的集合，即由行和列组成。这一点与电子表格相似，数据在表中按行和列的格式组织排列。表中的每一列都设计为存储某种类型的信息（例如学号、姓名、系别或数字）。表上有几种控制（约束、规则、默认值和自定义用户数据类型）用于确保数据的有效性。用户在创建数据表的时候可通过 SQL 进行定义。

在关系数据库中数据表是按行和列存储数据的，在创建表时就会涉及定义数据类型。数据类型决定了每一列存储数据的范围，为每一列选择数据类型时要合理，使所需的空间量最小。一个恰当的数据类型有利于数据校验及更好地利用存储空间,提升性能。因此对于每个具体的表,在创建之前还要考虑以下内容:

(1)针对表中需要的列以及每一列的类型、长度,如果属性值的长度不会大幅改变,一般选用固定长度数据类型(char 和 nchar);

(2)表中的列是否可以为空;

(3)哪些列作为主键;

(4)是否需要在某列上使用约束、默认值和规则;

(5)需要使用什么样的索引。

用户数据库建立后,就可以定义基表来保存用户数据的结构。达梦数据库的表可以分为两类,分别为数据库内部表和外部表。数据库内部表由数据库管理系统自行组织管理,而外部表在数据库的外部组织,是操作系统文件。我们主要针对数据库表的创建、修改和删除进行介绍。

5.4.1　表的创建

用户数据库建立后,就可以定义基表来保存用户数据的结构。定义基表时需指定表名、表所属的模式名,列定义,完整性约束等信息。

1. 基本语法结构

CREATE [[GLOBAL] TEMPORARY] TABLE ＜表名定义＞ ＜表结构定义＞;

＜表名定义＞ ::= [＜模式名＞.]＜表名＞

＜表结构定义＞::=＜表结构定义 1＞ | ＜表结构定义 2＞

＜表结构定义 1＞::=(＜列定义＞{,＜列定义＞}[,＜表级约束定义＞{,＜表级约束定义＞}])[ON COMMIT ＜DELETE | PRESERVE＞ ROWS][＜空间限制子句＞][＜STORAGE 子句＞][＜压缩子句＞][＜高级日志子句＞][＜add_log 子句＞][＜DISTRIBUTE 子句＞]

＜表结构定义 2＞::=[ON COMMIT ＜DELETE|PRESERVE＞ ROWS][＜空间限制子句＞][＜STORAGE 子句＞] [＜压缩子句＞]AS ＜不带 INTO 的 SELECT 语句＞[＜add_log 子句＞][＜DISTRIBUTE 子句＞];

＜列定义＞::= ＜不同类型列定义＞ [＜列定义子句＞]

＜列定义子句＞ ::=

DEFAULT ＜列缺省值表达式＞ |

＜IDENTITY 子句＞|

＜列级约束定义＞|

DEFAULT ＜列缺省值表达式＞ ＜列级约束定义＞ |

＜IDENTITY 子句＞＜列级约束定义＞ |

＜列级约束定义＞DEFAULT ＜列缺省值表达式＞ |

<列级约束定义> <IDENTITY 子句>

<IDENTITY 子句>::=IDENTITY [(<种子>,<增量>)]

<列级约束定义>::=<列级完整性约束>{,<列级完整性约束>}

<列级完整性约束> ::= [CONSTRAINT <约束名>] <column_constraint_action>[<失效生效选项>]

<表级约束定义>::=[CONSTRAINT <约束名>] <表级约束子句>[<失效生效选项>]

<表级约束子句>::=<表级完整性约束>

<表级完整性约束> ::=

<唯一性约束选项>(<列名> {,<列名>})[USING INDEX TABLESPACE{<表空间名> | DEFAULT}]|

FOREIGN KEY (<列名>{,<列名>}) <引用约束> |

CHECK (<检验条件>)

<空间限制子句> ::=

DISKSPACE LIMIT <空间大小>|

DISKSPACE UNLIMITED

说明:

(1)<模式名>:指明该表属于哪个模式,缺省为当前模式。

(2)<表名>:指明被创建的基表名,基表名最大长度 128 B。

(3)<列名>:指明基表中的列名,列名最大长度 128 B。

(4)<数据类型>:指明列的数据类型。

(5)<列缺省值表达式>:如果之后的 INSERT 语句省略了插入的列值,那么此项为列值指定一个缺省值,可以通过 DEFAULT 指定一个值。DEFAULT 表达式串的长度不能超过 2 048 B。

(6)<列级完整性约束定义>中的参数:

NULL:指明指定列可以包含空值,为缺省选项。

NOT NULL:非空约束,指明指定列不可以包含空值。

UNIQUE:唯一性约束,指明指定列作为唯一关键字。

PRIMARY KEY:主键约束,指明指定列作为基表的主关键字。

CLUSTER PRIMARY KEY:主键约束,指明指定列作为基表的聚集索引(也叫聚簇索引)主关键字。

NOT CLUSTER PRIMARY KEY:主键约束,指明指定列作为基表的非聚集索引主关键字。

CLUSTER KEY:指定列为聚集索引键,但是是非唯一的。

CLUSTER UNIQUE KEY:指定列为聚集索引键,并且是唯一的。

USING INDEX TABLESPACE ＜表空间名＞:指定索引存储的表空间。

REFERENCES:指明指定列的引用约束。引用约束要求引用对应列类型必须基本一致。所谓基本,是因为 CHAR 与 VARCHAR,BINARY 与 VARBINARY,TINYINT、SMALLINT 与 INT 在此被认为是一致的。如果有 WITH INDEX 选项,则为引用约束建立索引,否则不建立索引,通过其他内部机制保证约束正确性。

CHECK:检查约束,指明指定列必须满足的条件。

NOT VISIBLE:列不可见,当指定某列不可见时,使用 SELECT ＊ 进行查询时将不添加该列作为选择列。使用 INSERT 无显式指定列列表进行插入时,值列表不能包含隐藏列的值。

(7) ＜表级完整性约束＞中的参数:

UNIQUE:唯一性约束,指明指定列或列的组合作为唯一关键字。

PRIMARY KEY:主键约束,指明指定列或列的组合作为基表的主关键字。指明 CLUSTER,表明是主关键字上聚集索引;指明 NOT CLUSTER,表明是主关键字上非聚集索引。

USING INDEX TABLESPACE ＜表空间名＞:指定索引存储的表空间。

FOREIGN KEY:指明表级的引用约束,如果使用 WITH INDEX 选项,则为引用约束建立索引,否则不建立索引,通过其他内部机制保证约束正确性。

CHECK:检查约束,指明基表中的每一行必须满足的条件,与列级约束之间不应该存在冲突。

【例 5.24】　创建一个 student 基本表。假定用户为 SYSDBA,包括基本的学号、姓名、出生日期、E-mail、性别、系别等基本信息,并创建 ID 属性,使其自动编号,对性别属性进行约束,使其只在男和女中进行选择。

```
CREATE   TABLESTUDENT
(
ID INT IDENTITY(1,1),
SNO CHAR(5) NOT NULL,
NAME VARCHAR(50) NOT NULL,
SBIRTHDAY DATE NOT NULL,
EMAIL VARCHAR(50) NOT NULL,
DNO CHAR(5) NOT NULL,
SEX NCHAR(1)CHECK(SEX＝'男' or SEX＝'女')
);
```

以上使用列级完整性约束定义的格式写出,也可以将唯一性约束、引用约束和检查约束以表级完整性约束定义的格式写出。

同样,也可以通过达梦数据库管理工具的菜单式操作完成数据表的创建与修改。首先启动管理工具,选择 STUDENT 模式下的"表",单击右键,在弹出菜单中选择"新建表",如图 5.11 所示。

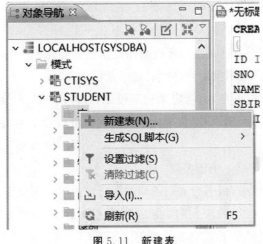

图 5.11　新建表

进入参数设置页面,如图 5.12 所示,可以根据要求,进一步完善数据表的各类属性信息。

图 5.12　新建表属性设置页面

5.4.2　表的修改

为了满足用户在建立应用系统的过程中需要调整数据库结构的要求,达梦数据库管理系统提供表修改语句,可对表的结构进行全面的修改,包括修改表名、列名,增加列,删除列,修改列类型,增加表级约束,删除表级约束,设置列缺省值,设置触发器状态等。

基本语法结构：

```
ALTER TABLE [<模式名>.]<表名> <修改表定义子句>
<修改表定义子句> ::=
MODIFY<列定义>|
ADD[COLUMN] <列定义>|
ADD [COLUMN] (<列定义> {,<列定义>})|
REBUILD COLUMNS|
DROP[COLUMN] <列名> [RESTRICT | CASCADE] |
ADD[CONSTRAINT [<约束名>]] <表级约束子句> [<CHECK 选项>][<失
效生效选项>]|
DROP CONSTRAINT <约束名> [RESTRICT | CASCADE] |
ALTER[COLUMN] <列名> SET DEFAULT <列缺省值表达式>|
ALTER [COLUMN] <列名> DROP DEFAULT |
ALTER[COLUMN] <列名> RENAME TO <列名> |
ALTER[COLUMN] <列名> SET <NULL | NOT NULL>|
ALTER[COLUMN] <列名> SET [NOT] VISIBLE|
RENAMETO <表名> |
```

说明：

(1)<模式名>：指明被操作的基表属于哪个模式，缺省为当前模式；

(2)<表名>：指明被操作的基表的名称；

(3)<列名>：指明修改、增加或被删除列的名称；

(4)<数据类型>：指明修改或新增列的数据类型；

(5)<列缺省值>：指明新增/修改列的缺省值，其数据类型与新增/修改列的数据类型一致。

拥有数据库管理员（DBA）权限的用户或该表的建表者或具有 ALTER ANY TABLE 权限的用户可以对表的定义进行修改：可以修改一列的数据类型、精度、刻度，设置列上的 DEFAULT、NOT NULL、NULL；增加一列及该列上的列级约束；重建表上的聚集索引数据，消除附加列；删除一列；增加、删除表上的约束；启用、禁用表上的约束；重命名表名/列名；等等。

注意使用 MODIFY COLUMN 时，不能更改聚集索引的列或者函数索引的列，位图、位图连接索引的列以及自增列不允许被修改。修改引用约束中引用和被引用的列时，列类型与引用的列类型或列类型与被引用的列类型须兼容。使用 MODIFY COLUMN 子句能修改的约束有列上的 NULL/NOT NULL 约束、CHECK 约束、唯一约束、主键约束（不包括聚集主键约束）；若修改数据类型不变，则列上现有值必须满足约束条件；不允许被修改为自增列。添加约束时,不能重复添加;修改可更改列的数据类型时,若该表中无元组,则可任意修改其数据类型、长度、精度或量度和加密属性;若表中有元组,则系统会尝试修改其数据类型、长度、精度或量度,若修改不成功,则报错返回。增加列时,新增列名之间、新增列名与该基表中的其他列名之间均不能重复。若新增列有缺省值,则已存在的行的新增列值是其缺省值。

ADD CONSTRAINT 子句用于添加表级约束。表级约束包括 PRIMARY KEY 约束(不包括聚集主键约束)、UNIQUE 约束、引用约束(REFERENCES)和检查约束(CHECK)。添加表级约束时可以带有约束名,系统中同一模式下的约束名不得重复,如果不带约束名,系统自动为此约束命名。

【例 5.25】 假定用户为数据库管理员,将学生姓名的数据类型改为 VARCHAR(8),并指定该列为 NOT NULL,且缺省值为'张三'。

ALTER TABLE STUDENT
MODIFY NAME VARCHAR(8) DEFAULT '张三' NOT NULL;

运行结果如图 5.13 所示。

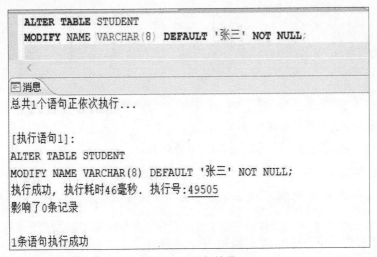

图 5.13　运行结果

【例 5.26】 对 STUDENT 表增加一列,列名为 AGE(年龄),数据类型为 int,值小于 100。

ALTER TABLE XSGL. Student
ADD AGE int CHECK (AGE <100);

【例 5.27】 需要对 STUDENT 表增加一列,列名为 DEPT,数据类型为 nvarchar,定义该列为 DEFAULT 和 NOT NULL。

ALTER TABLE STUDENT
ADDDEPT nvarchar DEFAULT '信息学院' NOT NULL;

【例 5.28】　对 STUDENT 中的 DEPT 列进行删除。

ALTER TABLE STUDENT

DROPDEPT；

需要注意，如果该列有引用的话，就需要用到 CASCADE 级联操作。

【例 5.29】　在 STUDENT 表上增加 UNIQUE 约束，UNIQUE 字段为 NAME。

ALTER TABLE STUDENT

ADD CONSTRAINT UQ_NAME UNIQUE(NAME)；

用 ADD CONSTRAINT 子句添加约束时，对于该基表上现有的全部元组要进行约束违规验证，若 student 表里没有元组，则上述语句一定执行成功；若表 student 里有元组，并且欲成为唯一性约束的字段学生姓名上不存在重复值，则上述语句执行成功；若 student 表里有元组，并且欲成为唯一性约束的字段学生姓名上存在重复值，则上述语句执行不成功，系统报错"无法建立唯一性约束"。

同样也可以通过达梦管理工具，以管理员身份登录，通过菜单式操作完成数据表的修改，如图 5.14 所示，打开修改表操作入口。

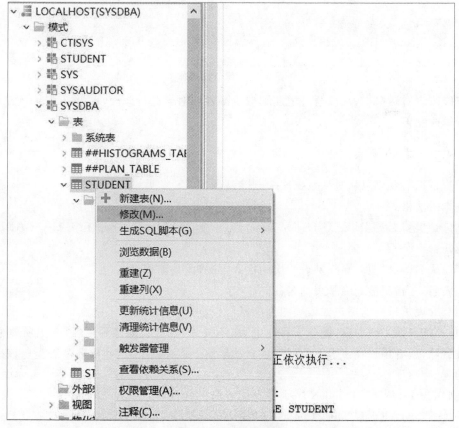

图 5.14　打开修改表

选择"修改"选项，进入修改表对话框，如图 5.15 所示。

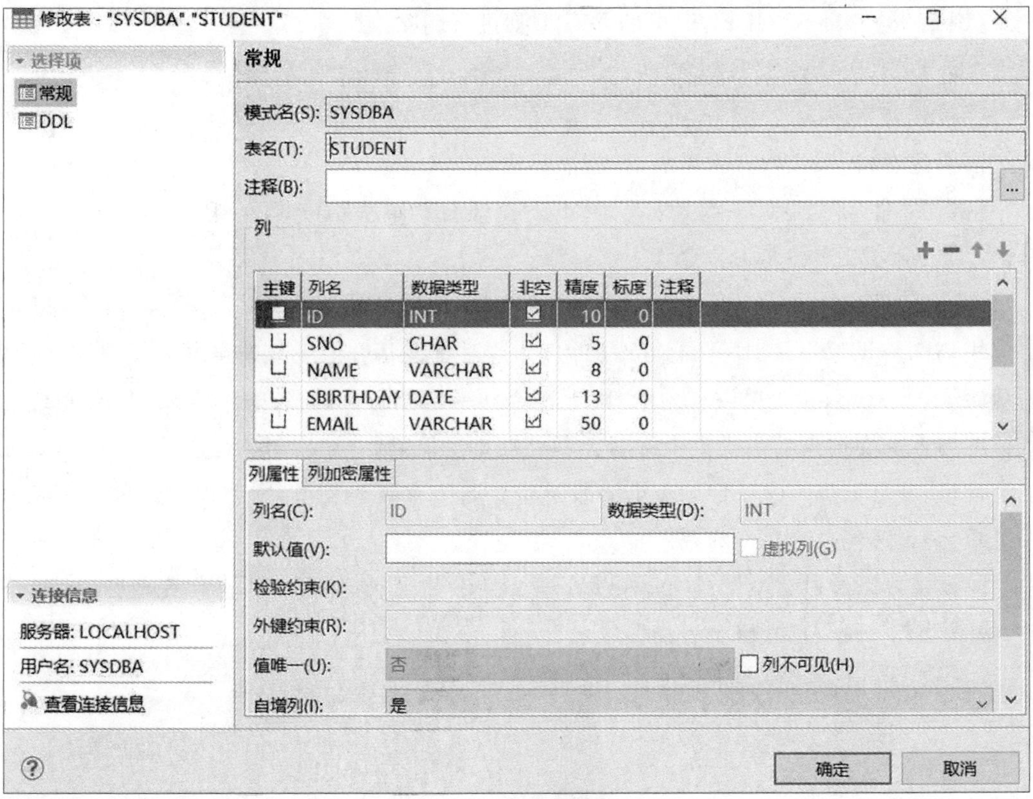

图 5.15 修改表操作

在修改表对话框中,可以通过增加和减少属性列对表进行修改,也可以对表中某一个属性进行修改完善。

5.4.3 表的删除

用户根据需要可以随时从数据库中删除基表。

基本语法格式:

DROP TABLE [IF EXISTS] [<模式名>.]<表名> [RESTRICT|CASCADE];

说明:

<模式名>:指明被删除基表所属的模式,缺省为当前模式;

<表名>:指明被删除基表的名称。

拥有管理员权限的用户或该表的拥有者可以删除基表,删除不存在的基表会报错。若指定 IF EXISTS 关键字后,删除不存在的表,不会报错;该表删除后,在该表上所建索引也同时被删除,所有用户在该表上的权限也自动取消,以后系统中再建同名基表是与该表毫无关系的表。

【例 5.30】 删除 STUDENT 表。

DROP TABLE STUDENT CASCADE;

若两个表如果之间存在着引用关系,就必须先删除引用表,然后删除被引用表,也可以使用 CASCADE 强制删除被引用表,但是引用表仍然存在,只是删除了被引用表的引用约束。

习　　题

1. SQL 主要分为哪几类?

2. 简要描述数据库的逻辑存储结构和物理存储结构。

3. 什么是模式?

4. 修改表空间 XSGL 中数据文件 c:\ XSGL1. dbf 的大小为 400 MB。

5. 以管理员身份登录数据库后,创建表空间 XSGL,包含两个数据文件 X1. dbf 和 X2. dbf,其中 X1. dbf 文件不能自动扩展,最大扩展至 256 MB,X2. dbf 文件初始大小为 128 MB,每次按 10% 扩展。

第6章 查询管理

数据库查询是数据库的核心操作。SQL 语言使用 SELECT 语句进行数据库的查询,该语句不但使用方式灵活而且具有丰富的功能。其一般格式为:

SELECT[ALL|DISTINCT]<目标列表达式>[,<目标列表达式>]…
FROM<表名或视图名>[,<表名或视图名>]…
[WHERE<条件表达式>]
[GROUP BY<分组列>[HAVING<条件表达式>]]
[ORDER BY<排序列>[ASC|DESC][,…]];

整个 SELECT 语句的含义是,根据 WHERE 子句的条件表达式,从 FROM 子句指定的基本表或视图中找出满足条件的元组,再按 SELECT 子句中的目标列表达式,选出元组中的属性值形成结果表。若有 GROUP BY 子句,则将结果按<分组列>的值进行分组。该属性列值相等的元组为一个组,通常会在每组中使用集函数。若 GROUP 子句带 HAVING 短语,则只有满足指定条件的组才能输出。若有 ORDER BY 子句,则结果表还要按<排序列>的值的升序(ASC)或降序(DESC)排列。

SELECT 语句不但可以用于简单的单表查询,而且也可以用于复杂的连接查询和嵌套查询。下面仍以学生-课程数据库为例来说明 SELECT 语句的各种用法。

学生-课程数据库中包括三个表。

学生表:Student(Sno,Sname,Ssex,Sage,Sdept)。

其中,Sno、Sname、Ssex、Sage、Sdept 分别表示学号、姓名、性别、年龄、所在系,Sno 为主码。

课程表:Course(Cno,Cname,Ccredit)。

其中,Cno、Cname、Ccredit 分别表示课程号、课程名和学分,Cno 为主码。

学生选课表:SC(Sno,Cno,Grade)。

其中,Sno、Cno、Grade 分别表示学号、课程号和成绩,主码为(Sno,Cno)。

6.1 单表查询

单表查询是指仅对一个表的查询。

6.1.1 选择表中的若干列

选择表中的全部列或部分列,即进行投影运算。

1. 查询指定列

在很多时候,用户只需要表中的一部分属性列的信息,这时可以通过在 SELECT 子句的<目标列表达式>中指定要查询的属性列。

【例 6.1】　查询全体学生的姓名、所在系。

SELECT Sname,Sdept FROM Student;

<目标列表达式>中各个列的先后顺序可以与数据库表中的列顺序不一致。用户可以根据应用的需要改变列的显示顺序。本例中先列出姓名,再列所在系。

2. 查询全部列

选出表中所有的属性列有两种方法:一种方法就是在 SELECT 命令字后面列出所有的列名;另一种方法是可以简单地将<目标列表达式>指定为 * ,这样列的显示顺序与其在基表中的顺序相同。

【例 6.2】　查询选修课的情况。

SELECT Sno,Cno,Grade FROM SC;

等价于:

SELECT * FROM SC;

3. 查询经过计算的列

SELECT 子句的<目标列表达式>不但可以是表中已有的属性列,而且也可以是由表中的属性列组成的表达式。

【例 6.3】　查找全体学生的学号、姓名以及出生年份。

SELECT Sno,Sname,2012－Sage FROM Student;

在例 6.3 中,<目标列表达式>中第 3 项不是属性列名,而是一个算术表达式,是用当前的年份减去学生的年龄,这样所得的即是学生的出生年份。<目标列表达式>不仅可以是算术表达式,还可以是字符串常量、函数等。

【例 6.4】　查询全体学生的姓名、出生年份和所有系,要求用小写字母表示所有系名。

SELECT Sname,2012－Sage,LOWER(Sdept) FROM Student;

用户可以通过指定别名来改变查询结果的列标题,这对于含算术表达式、常量、函数名的目标列表达式尤为有用。

【例 6.5】　将例 6.4 中的目标列定义别名。

SELECT Sname NAME,2012－Sage BIRTHDAY,LOWER(Sdept) DEPARTMENT
FROM Student;

6.1.2　选择表中的若干元组

在 SQL 中,选择行是通过在 SELECT 语句中使用" * "查询所有列以及使用 WHERE 子句指定选择的条件来实现的。实际上,选择行是选择列的特例,当 SELECT 语句中的查询列为所有列时,即为选择行操作。

1. 消除取值重复的行

两个本来并不完全相同的元组,投影到指定的某些列上后,可能会变成相同的行,如果要去掉表中相同的行,可以使用关键字 DISTINCT。

【例 6.6】 查询学生所在的系名。

```
SELECT DISTINCT Sdept FROM Student;
```

若没有指定 DISTINCT 短语,则默认范围为 ALL,查询结果保留表中取值重复的行,要想把重复的行去掉,就必须加上 DISTINCT。

2. WHERE 子句

通过 WHERE 子句实现对满足指定条件的元组进行查询。WHERE 子句常用的查询条件见表 6.1。

表 6.1 常用的查询条件

查询条件	谓词
比较	=,>,<,>=,<=,! =,<>,! >,! <,NOT+比较运算符
确定范围	BETWEEN AND,NOT BETWEEN AND
确定集合	IN,NOT IN
字符匹配	LIKE,NOT LIKE
空值	IS NULL,IS NOT NULL
多重条件	AND,OR,NOT

其中,比较运算符用于比较两个表达式的值,一般包括=(等于)、>(大于)、<(小于)、>=(大于等于),<=(小于等于)、! =或<>(不等于)、! >(不大于)、! <(不小于)。

当要查询的条件是某个值的范围时,可以使用 BETWEEN 谓词,谓词"BETWEEN…AND…"和"NOT BETWEEN…AND…"可以用来查找属性值在(或不在)指定范围内的元组。其中,BETWEEN 后是范围的下限(即最小值),AND 后是范围的上限(即最高值)。与"BETWEEN…AND…"相对的谓词是"NOT BETWEEN…AND…",表示查询属性值不在指定范围内的元组。

谓词 IN 可以指定一个值表,值表中列出所有可能的值,用来查询属性值属于指定值表的元组。与 IN 相对的谓词是 NOT IN,用于查找属性值不在指定值表中的元组。

LIKE 谓词用于进行字符串的匹配。LIKE 谓词的语法格式:

```
[NOT] LIKE <匹配串>[ESCAPE<换码字符>]
```

其含义是查找指定的属性列值与<匹配串>相匹配的元组,<匹配串>可以是一个完整的字符串,也可以含有通配符"%"和"_"。其中,"%"(百分号)代表任意长度(包括 0)的字符串,如"s%x"表示以字符 s 开头,以字符 x 结尾的任意长度的字符串,如字符串"sbx""sscvx""sx"等都是满足要求的匹配串。"_"(下画线)代表任意单个字符,例如,c_d_表示以

c 开头,以 d 为第三个字符,长度为 4 的任意字符串,如字符串"cada""csdd"等都是满足要求的匹配串。

如果 LIKE 后面的匹配串中不含通配符,则可以用＝(等于)运算符取代 LIKE 谓词,用!＝或＜＞(不等于)运算符取代 NOT LIKE 谓词。如果用户要查询的字符串本身就含有"％"或"_",这时就要使用 ESCAPE＜换码字符＞子句,对通配符进行转义。

逻辑运算符 AND 和 OR 可用来联结多个查询条件,AND 的优先级高于 OR。

【例 6.7】　查询所在系是"网络工程系"全体学生的名单。

SELECT Sname FROM Student WHERE Sdept＝'网络工程系';

【例 6.8】　查询所有年龄不小于 22 岁的学生学号、姓名及其年龄。

SELECT Sno,Sname,Sage FROM Student WHERE Sage＞＝22;

或

SELECT Sno,Sname,Sage FROM Student WHERE NOT Sage＜22;

【例 6.9】　查询考试成绩有不及格的学生的学号及课程号。

SELECT Sno,Cno FROM SC WHERE Grade＜60;

或

SELECT Sno,Cno FROM SC WHERE NOT Grade＞＝60;

【例 6.10】　查询年龄在 18～20 岁(包括 18 岁和 20 岁)之间的学生的学号、姓名、系别和年龄。

SELECT Sno, Sname, Sdept, Sage FROM Student WHERE Sage BETWEEN 18 AND 20;

或

SELECT Sno,Sname,Sdept,Sage FFOM Student WHERE Sage＞＝18 AND Sage＜＝20;

【例 6.11】　查询年龄不在 18～20 岁之间的学生的学号、姓名、系别和年龄。

SELECT Sno,Sname,Sdept,Sage FROM Student WHERE Sage NOT BETWEEN 18 AND 20;

【例 6.12】　查询"网络工程系""信息工程系"和"计算机系"学生的姓名和年龄。

SELECT Sname,Sage FROM Student

WHERE Sdept IN('网络工程系','计算机系','信息工程系');

【例 6.13】　查询不是"网络工程系"也不是"软件工程系"和"计算机系"的学生的姓名和年龄。

SELECT Sname,Sage FROM Student

WHERE Sdept NOT IN('网络工程系','计算机系','软件工程系');

【例 6.14】　查询学号为 0906064201 的学生的详细情况。

SELECT ＊ FROM Student WHERE Sno LIKE '0906064201';

【例 6.15】 查询学号不是 0906064201 的学生的详细情况。

SELECT ＊ FROM Student WHERE Sno NOT LIKE '0906064201';

等价于

SELECT ＊ FROM Student. WHERE Sno ！ ＝'0906064201';

【例 6.16】 查询所有姓王的学生的学号、姓名和年龄。

SELECT Sno,Sname,Sage FROM Student WHERE Sname LIKE'王％';

【例 6.17】 查询姓"皇甫"且全名为三个汉字的学生的姓名。

SELECT Sname FROM Student WHERE Sname LIKE'皇甫__';

注意:由于一个汉字占两个字符的位置,所以匹配串"皇甫"后面需要跟两个"_"。

【例 6.18】 查询名字中带"丽"字的学生的姓名和学号。

SELECT Sname,Sno FROM Student WHERE Sname LIKE'％丽％';

【例 6.19】 查询所有非王姓的学生的姓名及学号。

SELECT Sno,Sname FROM Student WHERE Sname NOT LIKE'王％';

如果用户要查询的字符串本身就含有％或_,这时就要使用 ESCAPE'<换码字符>'。

【例 6.20】 查询"网络编程_2"这门课程的课程号。

SELECT Cno FROM Course WHERE Cname LIKE'网络编程_2'ESCAPE'\';

ESCAPE'\'中的'\'为换码字符,表示匹配串"网络编程_2"中,跟在'\'后面的'_'不再具有通配符的含义,而转义为普通的"_"匹配字符。

【例 6.21】 查询缺少成绩的学生的学号和相应的课程号。有些学生由于特殊原因选修课程后没有参加考试,所以有选课记录,但没有考试成绩。

SELECT Sno,Cno FROM SC WHERE Grade IS NULL;

【例 6.22】 查询所有有成绩的学生课程号和学号。

SELECT Cno,Sno FROM SC WHERE Grade IS NOT NULL;

【例 6.23】 查询"网络工程系"年龄大于 18 岁的学生的学号。

SELECT Sno FROM Student WHERE Sdept='网络工程系'AND Sage>18;

6.2 排 序 操 作

在应用中经常要对查询的结果排序输出。在 SQL 语句中可以用 ORDER BY 子句对查询结果按照一个或多个属性列,或表达式的降序(DESC)或升序(ASC)排序,系统默认值为升序。

【例 6.24】 查询"计算机系"学生的学号及其年龄,并且查询结果按年龄的降序排列。

SELECT Sno,Sage FROM Student WHERE Sdept='计算机系'ORDER BY Sage DESC;

对于空值,若按降序排列,含空值的元素将最先显示,若按升序排列,含空值的元素将最后显示。

【例 6.25】　查询全体学生的选课情况,查询结果按所选课的课程号升序排列,同一门课程的元组按成绩的降序排列。

SELECT ＊ FROM SC ORDER BY Cno,Grade DESC;

6.3　聚集函数

对表数据进行检索时,经常需要对结果进行汇总和计算。SQL 提供的聚集函数用于计算表中的数据,返回单个计算结果。SQL 中提供的主要聚集函数如表 6.2 所示。

表 6.2　SQL 聚集函数表

函数名	格　式	功　能
AVG	AVG([DISTINCT|ALL]<列名>)	求一列值的平均值(此列应为数值型)
COUNT	COUNT([CDISTINCT|ALL]<列名>|＊)	统计一列中值的个数或统计元组个数
MAX	MAX([DISTINCT|ALL]<列名>)	求一列中的最大值
MIN	MIN([DISTINCT|ALL]<列名>)	求一列中的最小值
SUM	SUM([DISTINCT|ALL]<列名>)	求一列值的总和(此列应为数值型)

在表 6.2 中的聚集函数中,ALL 表示对所有列值进行运算,DISTINCT 表示去除指定列中的重复值,默认为 ALL,并且这些聚集函数除 COUNT 外都忽略空值,只处理非空值。

【例 6.26】　求选修课程号是 01 课程的学生的平均成绩。

SELECT AVG(Grade)课程 01 平均成绩 FROM SC WHERE Cno='01';

【例 6.27】　查询选修了 01 课程的学生的最高分和最低分。

SELECT MAX(Grade)课程 01 的最高分,MIN(Grade) 课程 01 的最低分
FROM SC WHERE Cno = '01';

【例 6.28】　查询学生的总人数。

SELECT COUNT(＊)学生总人数 FROM Student;

【例 6.29】　查询选修了课程的学生总人数。

SELECT COUNT(DISTINCT Sno)FROM SC

注意:学生每选修一门课,在 SC 中都有一条相应的记录。一个学生要选修多门课程,为避免重复计算学生人数,必须在 COUNT 函数中使用 DISTINCT 短语。

6.4　分组查询

GROUP BY 子句用于对表或视图中的查询结果按某一列或多列值分组,值相等的为一组。

对查询结果分组的目的是为了细化集函数的作用对象。如果未对查询结果分组,集函数将作用于整个查询结果,如例 6.26～例 6.29,使用 GROUP BY 子句后,聚集函数将作用于每一组,即每一组都有一个函数值。

【例 6.30】 查询各系的学生人数。

SELECT Sdept,COUNT(*) 学生数 FROM Student GROUP BY Sdept;

该语句对查询结果按 Sdept 的值分组,所有具有相同 Sdept 值的元组为一组,然后对每一组作用集函数 COUNT 计算,以求得该组的学生人数。

【例 6.31】 查询选修各门课程的平均成绩和选修该课程的人数。

SELECT Cno,AVG(Grade)平均成绩,COUNT(Sno)选修人数

FROM SC GROUP BY Cno;

使用 GROUP BY 子句和聚集函数对数据进行分组后,还可以使用 HAVING 子句对分组数据进行进一步的筛选。HAVING 子句中的查询条件与 WHERE 子句中的查询条件类似,并且可以使用聚集函数。

【例 6.32】 查询平均成绩在 80 分以上的学生的学号和平均成绩。

SELECT Sno,AVG(Grade)平均成绩

FROM SC GROUP BY Sno HAVING AVG(Grade)>=80;

这里先用 GROUP BY 子句按 Sno 进行分组,再用集函数 AVG 对每一组计算平均成绩。HAVING 短语指定选择组的条件,只有满足条件(即平均成绩>=80,表示此学生选修的课程的平均成绩在 80 分以上)的组才会被选出来。

【例 6.33】 查询选修课程超过三门且成绩都在 75 分以上的学生的学号。

SELECT Sno FROM SC WHERE Grade>=75 GROUP BY Sno HAVING COUNT(*)>3;

在 SELECT 语句中,当 WHERE、GROUP BY 与 HAVING 子句都被使用时,要注意它们的作用和执行顺序:WHERE 用于筛选由 FROM 指定的数据对象,GROUP BY 用于对 WHERE 的结果进行分组,HAVING 则是对 GROUP BY 以后的分组数据进行过滤。在例 6.33 中,查询过程中将 Student 表中成绩大于或等于 75 的记录按学号分组,对分组记录计算,选出记录数大于 3 的各组的学号值形成结果表。

WHERE 子句与 HAVING 短语的区别在于作用对象不同。WHERE 子句作用于基本表或视图,从中选择满足条件的元组。HAVING 短语作用于组,从中选择满足条件的组。

6.5 多表查询

前面的查询都是针对一个表进行的。若一个查询同时涉及两个以上的表,则称为连接查询。连接查询是关系数据库中最主要的查询,包括等值连接查询、自然连接查询、非等值连接查询、自身连接查询、外连接查询和复合条件连接查询等。

6.5.1 等值与非等值连接查询

可以在 SELECT 语句的 WHERE 子句中使用比较运算符给出连接条件对表进行连接,其一般格式为

[<表名 1>.<列名 1><比较运算符>[(<表名 2>.]<列名 2>

其中,比较运算符主要有<,<=,=,>,>=,! =(或< >)等。当比较运算符为"="时,称为等值连接,否则称为非等值连接。当等值连接字段相同,并且在 SELECT 子句中去除重复字段时,则称为自然连接。

另外,连接谓词中的列名称为连接字段,连接条件中的各连接字段类型必须是可比的,但不必是相同的。从逻辑上讲,数据库管理系统执行连接操作的过程是,首先在表 1 中找到第 1 个元组,然后从头开始扫描表 2,逐一查找满足连接条件的元组,找到后将表 1 中的第 1 个元组与该元组拼接起来,形成结果表中的一个元组。表 2 全部查找完后,再找表 1 中第 2 个元组,然后再从头开始扫描表 2,逐一查找满足连接条件的元组,找到后将表 1 中的第 2 个元组与该元组拼接起来,形成结果表中的一个元组。重复上述操作,直到表 1 中的全部元组都处理完毕为止。

【例 6.34】　查询每个学生的基本信息及学生选修课的情况。

学生的基本信息存放在 Student 表中,学生选课情况存放在 SC 表中,所以本查询实际上涉及 Student 与 SC 两个表。这两个表之间的联系是通过公共属性 Sno 实现的。

SELECT Student. * ,SC. * FROM Student,SC WHERE Student. Sno=SC. Sno
/ * 将 Student 与 SC 中同一学生的元组连接起来 * /

假设 Student 表、SC 表中的数据分别如表 6.3 和表 6.4 所示。

表 6.3　Student 表

Sno	Sname	Ssex	Sage	Sdept
09001	李强	男	21	网络工程
09002	刘帅	男	20	网络工程
09003	王海	女	18	计算机
09004	张坤	男	20	软件工程

表 6.4　SC 表

Sno	Cno	Grade	Sno	Cno	
10060	01	85	09002	01	
10060	02	90	09002	02	92
09001	03	85			

该查询的运行结果如表 6.5 所示。

表 6.5　例 6.34 的运行结果

Student. sno	Sname	Ssex	Sage	Sdept	SC. Sno	Cno	Grade
09001	李强	男	21	网络工程	95001	01	85
09001	李强	男	21	网络工程	95001	02	90
10060	李强	男	21	网络工程	95001	03	85
09002	刘帅	男	20	网络工程	95002	01	87
09002	刘帅	男	20	网络工程	95002	02	92

本例中,SELECT 子句与 WHERE 子句中的列名前都加上了表名前缀,这是为了避免混淆。如果列名在参加连接的各表中是唯一的,则可以省略表名前缀。

【例 6.35】 自然连接查询。

SELECT Student. * ,SC. Cno,SC. Grade FROM Student,SC WIERE Student. Sno= SC. Sno;

本例所得的结果包含的字段有 Sno,Sname,Ssex,Sage,Sdept,Cno,Grade;若选的字段名在各个表中是唯一的,则可以省略字段名前的表名,本例也可以写成:

SELECT Student. * ,Cno,Grade FROM Student,SC WIERE Student. Sno=SC. Sno;

【例 6.36】 查询选修了 01 号课程且成绩在 75 分以上的学生的姓名及成绩。

SELECT Sname,Grade FROM Student, SC

WHERE Student. Sno = SC. Sno and Cno = '01' AND Grade>75;

运行结果如表 6.6 所示。

表 6.6 例 6.36 的运行结果

Sname	Grade
李强	85
刘帅	87

有时用户查询的内容涉及两个以上的表,这就需要对两个以上的表进行连接,这种连接为多表连接。假设课程表 Course 的内容如表 6.7 所示。

表 6.7 Course 表

Cno	Cname	Ccredit	Cno	Cname	Ccredit
01	离散数学	4	04	操作系统	3
02	数据库	3	05	软件工程	2
03	数据结构	2			

【例 6.37】 多表查询。查询选修了"离散数学"课程且成绩在 80 分以上的学生的学号、姓名、课程名和成绩。

SELECT Student. Sno,Snane,Cname,Grade

FROM Student,Course,SC

WHERE Student. Sno=SC. sno AND Course. Cno = SC. Cno

AND Cname='离散数学'and Grade>80;

运行结果如表 6.8 所示。

表 6.8 例 6.37 的运行结果

Sno	Sname	Cname	Grade
09001	李强	离散数学	85
09002	刘帅	离散数学	87

6.5.2 自身连接查询

有些情况下需要一个表与其自身进行连接,这种连接叫作自连接。如要在一个表中查找具有相同列值的行信息,就需要使用自身连接来实现。在进行自身连接时需为要连接的表指定两个别名,同时对所有列的引用均要使用表的别名来限定。

【例 6.38】 自连接实例。查询不同课程成绩相同的学生的学号、课程号和成绩。

```
SELECT a. Sno,a. Cno,b. Cno,a. Grade
FROM SC a,SC b
where a. Grade=b. Grade AND a. Sno=b. Sno AND a. Cno! =b. Cno
```

查询结果如表 6.9 所示。

表 6.9 例 6.38 的运行结果

Sno	Cno	Cno	Grade
09001	01	03	85
09001	03	01	85

6.5.3 外连接查询

在前面的连接示例中,结果集中只保留了符合连接条件的元组,这种连接称为内连接。在有些情况下,连接的结果不但需要包含满足条件的元组,而且还需包含表中不满足条件的元组,实现这种查询的连接称为外连接。外连接有两种类型:

(1)左外连接:查询结果不但包含满足连接条件的元组,还包含连接时左表中的所有元组。

(2)右外连接:查询结果不但包含满足连接条件的元组,还包含连接时右表中的所有元组。

外连接中不匹配的分量用 NULL 表示。外连接的语法格式为:

<表名>LEFT|RIGHT[OUT]JOIN<表名>ON<连接条件>

其中,表名为需连接的表,LEFT[OUT]JOIN 称为左外连接,RIGHT[OUT]JOIN 称为右外连接。

【例 6.39】 查询学生的基本情况及选修课的课程号情况,要求查询结果中包含未选课的学生信息。

```
SELECT Student. * ,Cno FROM Student LEFTOUT JOIN SC ON Student. Sno = SC. Sno
```

查询结果如表 6.10 所示。

表 6.10 例 6.39 的查询结果

Sno	Sname	Ssex	Sage	Sdept	Cno
09001	李强	男	21	网络工程	01
09001	李强	男	21	网络工程	02
09001	李强	男	21	网络工程	03
09002	刘帅	男	20	网络工程	01

续 表

Sno	Sname	Ssex	Sage	Sdept	Cno
09002	刘帅	男	20	网络工程	02
09003	王海	女	18	计算机	NULL
09004	张坤	男	20	软件工程	NULL

本例中,未选修课程的学生的课程号字段为 NULL。

【例 6.40】 查询被选修了的课程情况及已开设的所有选修课的课程名。

SELECT SC. * ,Cname FROM SC RIGHT JOIN Course ON SC. Cno＝Course. Cno;

查询结果如表 6.11 所示。

表 6.11　例 6.40 的查询结果

Sno	Cno	Grade	Cname
09001	01	85	离散数学
09001	02	90	数据库
09001	03	85	数据结构
09002	01	87	离散数学
09002	02	92	数据库
NULL	NULL	NULL	操作系统
NULL	NULL	NULL	软件工程

本例中,未被选修的课程所对应行中的学号、课程号、成绩字段均为 NULL。

6.6　集合查询

每一个 SELECT 语句都能获得一个或一组元组,若要把多个 SELECT 语句的结果合并为一个结果,可用集合操作来完成。集合操作主要包括并操作 UNION、交操作 INTERSECT 和差操作 EXCEPT。其语法格式为:

＜SELECT 语句＞UNION[ALL]| INTERSECT|EXCEPT＜SELECT 语句＞;

其中,关键字 ALL 表示合并的结果中包含所有行,重复的行不删除;不使用 ALL 则表示在合并时相同的行要删除。需要注意的是,集合查询的各查询结果的列数必须相同,对应列的数据类型也必须相同。

【例 6.41】 查询性别是"男"的学生及年龄小于 22 岁的学生。

SELECT * FROM Student
WHERE Ssex＝'男'
UNION
SELECT *
FROM Student
WHERE Sage ＜22;

本查询实际上是求性别是"男"的所有学生与年龄小于 22 岁的学生的并集,系统会自动删除重复的行,如要保留重复的行,可使用 UNION ALL。

本例也可以使用 OR 操作查询来代替,但 OR 操作查询不会去除重复的行。

```
SELECT  *
FROM Student
WHERE Ssex= ′男′OR Sage<22;
```

【例 6.42】　查询性别是"男"并且年龄小于 22 岁的学生。

```
SELECT  *  FROM Student
WHERE Ssex=′男′
INTERSECT
SELECT  *
FROM Student
WHERE Sage<22;
```

本例也可以使用 AND 操作查询代替:

```
SELECT  *  FROM Student
WHERE Ssex=′男′AND Sage<22;
```

【例 6.43】　查询既选修了 01 号课程又选修了 03 号课程的学生的学号。

```
SELECT Sno FROM SC
WHERE Cno=′01′
INTERSECT
SELECT Sno FROM SC
WHERE Cno=′03′;
```

本例不能用 AND 操作来代替,因为在 SC 中的任何行不能同时满足 Cno=′01′和 Cno= ′03′两个条件。

【例 6.44】　查询性别是"男"但年龄不小于 22 岁的学生。

```
SELECT  *
FROM Student
WHERE Ssex=′男′
EXCEPT
SELECT  *
FROM Student
WHERE Sage<22;
```

本例也就是查询性别是"男"的学生中年龄大于等于 22 岁的学生。可用下面的查询代替:

```
SELECT  *
FROM Student
WHERE Ssex=′男′AND Sage>=22;
```

6.7 嵌套查询

在 SQL 中,一个 SELECT…FROM…WHERE 语句称为一个查询块。将一个查询块嵌套在另一个查询块的 WHERE 子句或 HAVING 子句中的查询称为嵌套查询。上层的查询块称为父查询或外层查询,下层查询块称为子查询或内查询。SQL 允许多层嵌套查询,即一个子查询中还可以嵌套其他子查询,表示复杂的查询。需要特别指出的是,子查询的 SELECT 语句中不能使用 ORDER BY 子句,ORDER BY 子句只能对最终查询结果排序。

6.7.1 带有 IN 谓词的子查询

带有 IN 谓词的子查询是指父查询与子查询之间用 IN 进行连接,判断某个属性列值是否在子查询的结果中。

【例 6.45】 查询选修了 01 号课程的学生的信息。

SELECT * FROM Student WHERE Sno IN
(SELECT Sno FROM SC WHERE Cno='01');

系统在执行该查询时,先执行子查询,然后在子查询产生的结果表中,再执行父查询。在本例中,系统先执行子查询:

SELECT Sno FROM SC WHERE Cno= '01';

产生一个只含有 Sno 列的结果表,SC 中每个符合条件 Cno='01'的记录在结果表中都对应有一条记录。然后系统再执行外查询,若 Student 表中某条记录的学号值在子查询的结果集中,则该条记录的内容就为外查询结果集中的一条记录。

本例中,子查询的查询条件不依赖于父查询,称为不相关子查询。

本例也可以使用连接查询实现:

SELECT * FROM Student, SC WHERE Student.Sno = SC.Sno AND Cno = '01';

IN 子查询只能返回一列值,对于较复杂的查询,可以使用嵌套的子查询实现。

【例 6.46】 查询选修"数据库"的学生的基本情况。

SELECT * FROM Student WHERE Sno IN
    (SELECT Sno FROM SC WHERE Cno IN
        (SELECT Cno FROM Course WHERE Cnane='数据库')
);

本例也可以使用连接查询实现:

SELECT * FROM Student,SC,Course
WHERE Student.Sno=SC.Sno AND Course.Cno=SC.Cno AND Cname= '数据库';

可以看出,当查询涉及两个以上的关系时,用嵌套查询逐步求解,层次清晰,易于构造,具有结构化程序设计的优点。

对于既可以使用嵌套查询也可以使用连接查询的操作,用户在选择时可根据自己的习惯和系统的执行效率决定。

6.7.2　带有比较运算符的子查询

带有比较运算符的子查询是指父查询与子查询之间用比较运算符进行连接。IN 谓词用于一个值对多个值的比较,而比较运算符用于一个值与另一个值的比较。当用户能确切知道子查询返回的结果是单值时,可以使用<、<＝、>、>＝、＝、！＝或<>等比较运算符。

【例 6.47】　查询 01 号课程的成绩高于"李强"的学生的学号。

SELECT Sno FROM SC WHERE Cno＝'01'
　　AND Grade>(SELECT Grade FROM SC WHERE Cno＝'01'
　　AND Sno＝(SELECT Sno FROM Student WHERE Snane＝'李强'));

本例首先查找"李强"的学号,然后根据学号在 SC 表查找"李强"的 01 号课程的成绩,再根据成绩查找 01 号课程成绩高于这个成绩的学号。

6.7.3　带有 ANY 或 ALL 谓词的子查询

子查询返回单值时可以用比较运算符,但返回多值时要用 ANY 或 ALL 谓词。使用 ANY 或 ALL 谓词时必须与比较运算符配合使用,其语义如表 6.12 所示。

表 6.12　ANY 和 ALL 与比较运算符结合的语义表

结合形式	功　　能
>ANY	大于子查询结果中的某个值,即大于子查询结果中的最小值
<ANY	小于子查询结果中的某个值,即小于子查询结果中的最大值
>＝ANY	大于等于子查询结果中的某个值,即大于等于子查询结果中的最小值
<＝ANY	小于等于子查询结果中的某个值,即小于等于子查询结果中的最大值
＝ANY	等于子查询结果中的某个值,即相当于 IN
！＝ANY 或<>ANY	不等于子查询结果中的某个值
>ALL	大于子查询结果中的所有值,即大于子查询结果中的最大值
<ALL	小于子查询结果中的所有值,即小于子查询结果中的最小值
>＝ALL	大于等于子查询结果中的所有值,即大于等于子查询结果中的最大值
<＝ALL	小于等于子查询结果中的所有值,即小于等于子查询结果中的最小值
＝ALL	等于子查询结果中的所有值
！＝ALL 或<>ALL	不等于子查询结果中的所有值,即相当于 NOT IN

【例 6.48】　查询比所有"计算机"系的学生年龄都大的学生信息。

SELECT ＊ FROM Student WHERE Sage>A11
　　(SELECT Sage FROM Student WHERE Sdept＝'计算机');

本例先处理子查询得到一个年龄的集合,然后处理父查询,找到年龄大于集合中所有值的学生信息。

本例也可以使用聚集函数实现:

```
SELECT * FROM Student WHERE Sage>
    (SELECT MAX(Sage)FROM Student WHERE Sdept = '计算机');
```

【例 6.49】 查询课程号为 02 且成绩低于课程号为 01 的最高成绩的学生的学号、课程号和成绩。

```
SELECT Sno,Cno,Grade FROM SC
WHERE Cno='02' AND Grade<ANY
    (SELECT Grade FROM SC WHERE Cno='01')
```

本例查询时,首先处理子查询,得到课程号是 01 的所有学生的成绩,构成一个集合。然后处理父查询,查找所有课程号是 02 且成绩小于集合中某个值的学生的学号、课程号和成绩。

本例也可以使用聚集函数实现:

```
SELECT Sno,Cno,Grade FROM SC
WHERE Cno='02'AND Grade<
    (SELECT MAX(Grade) FROM SC WHERE Cno='01')
```

事实上使用聚集函数的效率比使用 ANY 或 ALL 谓词的效率高。ANY、ALL 谓词与聚集函数及 IN 谓词的对应关系如表 6.13 所示。

表 6.13　ANY、ALL 谓词与聚集函数及 IN 谓词的对应关系

	=	<>或! =	<	<=	>	>=
ANY	IN		<MAX	<=MAX	>MIN	>=MIN
ALL		NOT IN	<MIN	<=MIN	>MAX	>=MAX

6.7.4　带有 EXISTS 谓词的子查询

EXISTS 代表存在量词"∃",带有 EXISTS 谓词的子查询不返回任何实际数据,只产生逻辑真值 TRUE 或逻辑假值 FALSE。

【例 6.50】 查询选修了 02 号课程的学生姓名。

```
SELECT Sname FROM Student WHERE EXISTS
    (SELECT * FROM SC WHERE Student. Sno = SC. Sno AND Cno='02');
```

本例与前面的子查询例子不同的是,前面的例子中,子查询只处理一次,得到一个结果集,再依据该结果集处理父查询;而本例的子查询要处理多次,因为子查询与 Student. Sno 有关。父查询中 Student 表的不同行有不同的 Sno 值,这类子查询称为相关子查询(Correlated Subquery),即子查询的查询条件依赖于父查询的某个属性值(在本例中是 Student 的 Sno 值)。相关子查询的一般处理过程是,首先取父查询中(Student)表的第 1 个元组,根据它与子查询相关的属性值(Sno 值)处理内层查询。若 WHERE 子句返回值为真,则取此元组放入结果表;然后再取 Student 表的下一个元组,重复这一过程,直至外层 Student 表的所有元组都查找完为止。另外,由 EXISTS 谓词引出的子查询,其目标列表达式通常都有 *,因为带 EXISTS 的子查询只返回逻辑真值或假值,给出列名没有实际意义。

本例中的查询也可以用连接运算实现,读者可以参照有关的例子,给出相应的 SQL 语句。

【例 6.51】　查询没有选修 02 号课程的学生姓名。

SELECT Sname FROM Student WHERE NOT EXISTS

　　（SELECT ＊ FROM SC WHERE Sno＝ Student. Sno AND Cno＝'02'）；

　　与 EXISTS 谓词相对应的是 NOT EXISTS 谓词,使用量词 NOT EXISTS 后,若子查询的结果为空,则父查询的 WHERE 子句返回逻辑真值,否则返回逻辑假值。

【例 6.52】　查询选修了全部课程的学生姓名。

SELECT Sname FROM Student WHERE NOT EXISTS

　　（SELECT ＊ FROM Course WHERE NOT EXISTS

　　　　（SELECT ＊ FROM SC WHERE Sno＝Student. Sno AND Cno＝Course. Cno））；

　　虽然 SQL 中没有全称量词,但总可以把带有全称量词的谓词转换为等价的带有存在量词的谓词。本例中由于没有全称量词,可将题目转换为等价的存在量词的形式,即选修了全部课程等价于没有一门功课不选修。

习　　题

　　1.查询＜学生信息表＞,查询学生"张三"的全部基本信息。

　　2.查询＜学生信息表＞,查询姓名长度为三个字,姓"李",且最后一个字是"强"的全部学生信息。

　　3.查询＜学生信息表＞,查询姓"张",但是"所属省份"不是"北京"的学生信息。

　　4.查询＜学生选修信息表＞,查询全部填写了成绩的学生的选修信息,并按照"成绩"从高到低进行排序。

　　5.统计＜学生信息表＞,统计年龄大于 20 岁的学生有多少个。

　　6.统计＜学生选修信息表＞,统计学号为"S001"的学生的总成绩。

　　7.统计＜学生选修信息表＞,统计每个课程的选修人数。

　　8.统计＜学生选修信息表＞,统计每门课程的平均成绩,并按照平均成绩降序排序。

　　9.用子查询实现,查询选修"高等数学"课的全部学生的总成绩。

　　10.用子查询实现,查询 3 班"张三"同学的"测试管理"成绩。

　　11.查询"张三"的各门课程成绩,要求显示姓名、课程名称和成绩。

　　12.查询所有 2000 年以前入学的各班男生的各科考试平均成绩。

第7章　视图与索引

7.1　视　　图

视图是从一个或几个基表(或视图)导出的表。它是一个虚表,即数据字典中只存放视图的定义(由视图名和查询语句组成),而不存放对应的数据,这些数据仍存放在原来的基表中。当需要使用视图时,则执行其对应的查询语句,所导出的结果即为视图的数据。当基表中的数据发生变化时,从视图中查询出的数据也随之改变。视图就像一个窗口,透过它可以看到数据库中用户感兴趣的数据和变化。由此可见,视图是关系数据库系统提供给用户以多种角度观察数据库中数据的重要机制,体现了数据库本身最重要的特色和功能,它简化了用户数据模型,提供了逻辑数据独立性,实现了数据共享和数据的安全保密。视图是数据库技术中一个十分重要的功能。

视图一经定义,就可以和基表一样被查询、修改和删除,也可以在视图之上再建新视图。由于对视图数据的更新均要落实到基表上,因而操作起来有一些限制。

7.1.1　视图的作用

视图主要是对用户模式的一种提炼与抽象,在"大而全""严而准"的数据库基础上为用户提供"小而美"的安全窗口。具体来讲,视图有如下四点作用:

(1)用户能通过不同的视图以多种角度观察同一数据;

(2)简化了用户操作;

(3)为需要隐蔽的数据提供了自动安全保护;

(4)为重构数据库提供了一定程度的逻辑独立性。

7.1.2　语法

创建视图的基本语法格式:

```
CREATE [OR REPLACE] VIEW
[<模式名>.]<视图名>[(<列名>〔,<列名>〕)]
AS <查询说明>
[WITH [LOCAL|CASCADED]CHECK OPTION]|[WITH READ ONLY];
<查询说明>::=<表查询> | <表连接>
<表查询>::=<子查询表达式>[ORDER BY 子句]
```

说明：

WITH CHECK OPTION 选项用于可更新视图中。指定 LOCAL，要求数据必须满足当前视图定义中<查询说明>所指定的条件；指定 CASCADED，数据必须满足当前视图，以及所有相关视图定义中<查询说明>所指定的条件。

MPP 系统下不支持 WITH CHECK OPTION 操作。

WITH READ ONLY 指明该视图是只读视图，只可以查询，但不可以做其他 DML 操作；如果不带该选项，则根据 DM 自身判断视图是否可更新的规则判断视图是否只读。

7.1.3　限制

视图上可以创建 INSTEAD OF 触发器（只允许行级触发），但不允许创建 BEFORE/AFTER 触发器。

若视图建在单个基表或单个可更新视图上，且该视图包含了表中的全部聚集索引键，则该视图为可更新视图。

若视图由两个以上的基表导出时，则该视图不允许更新。

若视图列是集函数，或视图定义中的查询说明包含集合运算符、GROUP BY 子句或 HAVING 子句，则该视图不允许更新。

若视图的基表为远程表，则该视图不允许更新。

在不允许更新视图之上建立的视图也不允许更新。

7.1.4　视图的删除

删除视图的基本语法格式：

DROP VIEW［IF EXISTS］［<模式名>.]<视图名> [RESTRICT｜CASCADE];

说明：

RESTRICT 和 CASCADE 为删除视图的两种方式，RESTRICT 为缺省值。

当设置 dm.ini 中的参数 DROP_CASCADE_VIEW 值为 1 时，如果在该视图上建有其它视图，必须使用 CASCADE 参数才可以删除所有建立在该视图上的视图，否则删除视图的操作不会成功。

当设置 dm.ini 中的参数 DROP_CASCADE_VIEW 值为 0 时，RESTRICT 和 CASCADE 方式都会成功，且只会删除当前视图，不会删除建立在该视图上的视图。

7.1.5　视图的编译

编译视图的基本语法格式：

ALTER VIEW［<模式名>.]<视图名> COMPILE;

7.1.6　物化视图

1.定义

物化视图是从一个或几个基表导出的表，同视图相比，它存储了导出表的真实数据。

2. 语法

创建物化视图的基本语法格式：

CREATE MATERIALIZED VIEW［＜模式名＞.］＜物化视图名＞［(＜列名＞{,＜列名＞})］［BUILD IMMEDIATE|BUILD DEFERRED］［＜STORAGE 子句＞］［＜物化视图刷新选项＞］［＜查询改写选项＞］AS＜查询说明＞

＜STORAGE 子句＞::= STORAGE(INITIAL ＜数值＞ NEXT ＜数值＞ MINEXTENTS ＜数值＞

MAXEXTENTS＜数值＞ PCTINCREASE ＜数值＞);

＜查询说明＞::= ＜表查询＞ | ＜表连接＞

＜表查询＞::=＜子查询表达式＞［ORDER BY 子句］

＜物 化 视 图 刷 新 选 项＞ ::= REFRESH ＜刷新选项＞{＜刷新选项＞}|
NEVER REFRESH

＜刷新选项＞ ::= ［FAST | COMPLETE | FORCE］［ON DEMAND | ON COMMIT］［START WITH datetime_expr | NEXT datetime_expr］［WITH PRIMARY KEY
| WITH ROWID］

＜查询改写选项＞::= ［DISABLE | ENABLE］QUERY REWRITE＜datetime_expr＞::=
SYSDATE［数值常量］

3. 分类

依据物化视图定义中查询语句的不同物化视图分为以下五种。

(1)SIMPLE:无 GROUP BY,无聚集函数,无连接操作。

(2)AGGREGATE:仅包含有 GROUP BY 和聚集函数。

(3)JOIN:仅包含有多表连接。

(4)Sub-Query:仅包含有子查询。

(5)COMPLEX:除上述四种以外的物化视图类型。

4. 限制

BUILD IMMEDIATE 为立即填充数据,默认为立即填充。

BUILD DEFERRED 为延迟填充,使用这种方式要求第一次刷新必须为 COMPLETE
完全刷新。

如果物化视图中包含大字段列,需要用户手动指定 STORAGE(USING LONG ROW)
的存储方式。

创建物化视图时,会产生两个字典对象:物化视图和物化视图表,后者用于存放真实的
数据。

由于受物化视图表的命名规则所限,物化视图名称长度必须小于 123 B。

对物化视图进行查询或建立索引时这两种操作都会转为对其物化视图表的处理。

用户不能直接对物化视图及物化视图表进行插入、删除、更新和 TRUNCATE 操作,对

物化视图数据的修改只能通过刷新物化视图语句进行。

5. 权限

(1)在自己模式下创建物化视图时,该语句的使用者必须被授予 CREATE MATERI-ALIZED VIEW 系统权限,且至少拥有 CREATE TABLE 或者 CREATE ANY TABLE 两个系统权限中的一个。

(2)在其他用户模式下创建物化视图时,该语句的使用者必须具有 CREATE ANY MATERIALIZED VIEW 系统权限,且物化视图的拥有者必须拥有 CREATE TABLE 系统权限。

(3)物化视图的拥有者必须对<查询说明>中的每个表均具有 SELECT 权限或者具有 SELECT ANY TABLE 系统权限。

6. 修改

基本语法格式:

```
ALTER MATERIALIZED VIEW [<模式名>.]<物化视图名>
[<物化视图刷新选项>]
[<查询改写选项>]
```

7. 删除

基本语法格式:

```
DROP MATERIALIZED VIEW [<模式名>.]<物化视图名>;
```

说明:

(1)物化视图删除时会清除物化视图和物化视图表;

(2)物化视图删除后,用户在其上的权限也均自动取消,以后系统中再建的同名物化视图,是与它毫无关系的物化视图;

(3)用户不能直接删除物化视图表对象。

(4)使用者必须是物化视图的拥有者或者拥有 DROP ANY MATERIALIZED VIEW 系统权限。

8. 更新

基本语法格式:

```
REFRESH MATERIALIZED VIEW [<模式名>.]<物化视图名>
[FAST|COMPLETE|FORCE]
```

说明:

(1)使用者必须是物化视图日志的拥有者或者具有 SELECT ANY TABLE 系统权限;

(2)使用者必须是物化视图的拥有者或者具有 SELECT ANY TABLE 系统权限。

(3)物化视图的更新语句总是自动提交的,不能回滚。

9. 视图日志

物化视图的快速刷新依赖于基表上的物化视图日志,物化视图日志记录了基表的变化信息。

基本语法格式:

CREATE MATERIALIZED VIEW LOG ON [<模式名>.]<表名>
[<STORAGE 子句>][<WITH 子句>][<PURGE 选项>]
<WITH 子句>::= WITH { PRIMARY KEY| ROWID | SEQUENCE | (<列名>
{,<列名>})}
<PURGE 选项>::= PURGE IMMEDIATE [SYNCHRONOUS | ASYN-
CHRONOUS] | PURGE START WITH datetime_expr [NEXT datetime_expr | RE-
PEAT INTERVAL interval_expr]

说明:

(1)<PURGE 选项> 指定每隔多长时间对物化视图日志中无用的记录进行一次清除。

分两种情况:一是 IMMEDIATE 立即清除;二是 START WITH 定时清除。缺省是PURGE IMMEDIATE。

SYNCHRONOUS 为同步清除;ASYNCHRONOUS 为异步清除。

ASYNCHRONOUS 和 SYNCHRONOUS 的区别是前者新开启一个事务来进行日志表的清量,后者是在同一个事务里。

(2)与物化视图可能依赖多个基表不同,物化视图日志只对应一个基表,因此物化视图日志是否使用行外大字段存储与基表保持一致。

(3)物化视图日志表仅支持基于的表为普通表、堆表和物化视图。

7.2　索　　引

在关系数据库中,索引是一种单独的、物理的对数据库表中一列或多列的值进行排序的存储结构,它是某个表中一列或若干列值的集合和相应的指向表中物理标识这些值的数据页的逻辑指针清单。

达梦数据库支持聚集索引、位图索引、唯一索引、函数索引等。

7.2.1　索引的创建

在进行索引的创建时,首先要注意满足权限要求,在用户自己的模式中创建索引,必须满足被索引的表是在自己的模式中,或者在要被索引的表上有 CREATE INDEX 权限,或者用户具有 CREATE ANY INDEX 数据库权限。而要在其他模式中创建索引,用户必须具有 CREATE ANY INDEX 数据库权限。

达梦数据库索引创建的完整定义如下:

CREATE [OR REPLACE] [CLUSTER|NOT PARTIAL][UNIQUE | BITMAP| SPATIAL] INDEX <索引名>

　　ON [<模式名>.]<表名>(<索引列定义>{,<索引列定义>}) [GLOBAL] [< STORAGE 子句>][NOSORT] [ONLINE];

　　<索引列定义>::= <索引列表达式>[ASC|DESC]

　　<STORAGE 子句>::=<STORAGE 子句 1>|<STORAGE 子句 2>

　　<STORAGE 子句 1>::= STORAGE(<STORAGE1 项> {,<STORAGE1 项>})

　　<STORAGE1 项> ::=

　　[INITIAL <初始簇数目>] |

　　[NEXT <下次分配簇数目>] |

　　[MINEXTENTS <最小保留簇数目>] |

　　[ON <表空间名>] |

　　[FILLFACTOR <填充比例>]|

　　[BRANCH <BRANCH 数>]|

　　[BRANCH (<BRANCH 数>, <NOBRANCH 数>)]|

　　[NOBRANCH]|

　　[<CLUSTERBTR>]|

　　[SECTION (<区数>)]|

　　[STAT NONE]

　　<STORAGE 子句 2>::= STORAGE(<STORAGE2 项> {,<STORAGE2 项>})

　　<STORAGE2 项> ::= [ON <表空间名>]|[STAT NONE]

说明:

(1)UNIQUE 指明该索引为唯一索引。

(2)BITMAP 指明该索引为位图索引。

(3)SPATIAL 指明该索引为空间索引。

(4)CLUSTER 指明该索引为聚簇索引(也叫聚集索引),不能应用到函数索引中。

(5)NOT PARTIAL 指明该索引为非聚簇索引,缺省即为非聚簇索引。

(6)<索引名> 指明被创建索引的名称,索引名称最大长度 128 B。

(7)<模式名> 指明被创建索引的基表属于哪个模式,缺省为当前模式。

(8)<表名> 指明被创建索引的基表的名称。

(9)<索引列定义> 指明创建索引的列定义。其中空间索引列的数据类型必须是 DMGEO。

(10)包内的空间类型,如 ST_GEOMETRY 等。

(11)<索引列表达式> 指明被创建的索引列可以为表达式。

(12)GLOBAL 指明该索引为全局索引,仅堆表的水平分区表支持该选项,非水平分区表忽略该选项。堆表上的 PRIMARY KEY 会自动变为全局索引。

(13)ASC 为递增顺序。

(14)DESC 为递减顺序。

(15)<STORAGE 子句>:普通表的索引参考<STORAGE 子句 1>,HUGE 表的索引参考<STORAGE 子句 2>。

(16)<STORAGE 子句 1>中,BRANCH 和 NOBRANCH 只能用以指定聚集索引。

(17)NOSORT 指明该索引相关的列已按照索引中指定的顺序有序,不需要在建索引时排序,提高建索引的效率。若数据非有序却指定了 NOSORT,则在建索引时会报错。

(18)ONLINE 表示支持异步索引,即创建索引过程中可以对索引依赖的表做增、删、改操作。

以下介绍几种索引的具体创建方法。

1. 直接创建索引

使用 CREATE INDEX 语句明确地创建索引,例如在 std 表的 sname 列上创建一个名为 std_sname 的索引,该索引使用表空间 users:

```
create indexstd_sname on std(sname) STORAGE(INITIAL 50,NEXT 50,ON USERS);
```

该语句为该索引明确地指定了几个存储位置和一个表空间。如果没有给索引指定存储选项,则 INITIAL 和 NEXT 等存储选项会自动使用表空间的默认存储选项。

2. 创建聚集索引

当建表语句未指定聚集索引键时,达梦数据库默认的聚集索引键是 ROWID。若指定索引键,则表中数据都会根据指定索引键排序。

建表后,达梦数据库也可以用创建新聚集索引的方式来重建表数据,并按新的聚集索引排序。例如:

```
CREATE CLUSTER INDEX clu_std ON std(sname);
```

建议在建表时就确定聚集索引键,或在表中数据比较少时新键聚集索引,而尽量不要对数据量非常大的表建立聚集索引。

3. 创建唯一索引

索引可以是唯一的或非唯一的,唯一索引可以保证表上不会有两行数据在键列上具有相同的值,非唯一索引不会在键列上施加这个限制。

可以使用 CREATE UNIQUE INDEX 语句来创建唯一索引。例如:

```
CREATE UNIQUE INDEX dept_unique_index ON dept(dname) storage (on users);
```

用户希望在列上定义 UNIQUE 完整性约束,达梦数据库可以通过自动地在唯一键上定义一个唯一索引来保证 UNIQUE 完整性约束。

4. 创建基于函数的索引

基于函数的索引方便了限定函数或表达式的返回值的查询,该函数或表达式的值被预先计算出来并存储在索引中。使用函数索引有如下作用:

(1)创建更强有力的分类,可以用 UPPER 和 LOWER 函数执行区分大小写的分类。

（2）预先计算出计算密集的函数的值，并在索引中将其分类。可以在索引中存储要经常访问的计算密集的函数，当需要访问值时，该值已经计算出来了。这样可以极大地改善查询的执行性能。

（3）增加了优化器执行范围扫描而不是全表扫描的情况的数量。

例如：

```
create index index1 on example_tab(column_1 + column_2);
select * from example_tab where column_1 + column_2 <20;
```

上面创建的索引是建立在 column_1 + column_2 之上的，索引优化器可以在下面的查询与语句中使用范围扫描。优化器根据该索引计算查询代价，如果代价最少，优化器就会选择该函数索引，column_1＋column_2 就不会重复计算。

5．创建位图索引

位图索引主要针对含有大量相同值的列而创建。位图索引被广泛应用到数据库中，创建方式和普通索引一致。对不同的值很少的列创建位图索引，能够有效提高基于该列的查询效率，且执行查询语句的 WHERE 子句中带有 AND 和 OR 谓词时，效率更加明显。例如：

```
create bitmap indexindex1 on testscore(score);
```

7.2.2 索引的重建

在一个表经过大量的增删改操作后，表的数据在物理文件中可能存在大量碎片，从而影响访问速度。另外，当删除表的大量数据后，若不再对表执行插入操作，索引所处的段可能会占用大量并不使用的簇，从而浪费了存储空间。

可以使用重建索引来对索引的数据进行重组，使数据更加紧凑，并释放不需要的空间，从而提高访问效率和空间效率。达梦数据库提供的重建索引的系统函数为 SP_REBUILD_INDEX，其语法格式如下：

```
SP_REBUILD_INDEX(SCHEMA_NAME varchar(256), INDEX_ID int);
SCHEMA_NAME 为索引所在的模式名，INDEX_ID 为索引 ID。
```

说明：

（1）水平分区子表、临时表和系统表上建的索引不支持重建。

（2）虚索引和聚集索引不支持重建。

例如，需要重建索引 ind_std_name，假设其索引 ID 为 10086，那么使用以下语句重建索引：

```
SP_REBUILD_INDEX('ind_std_name',10086);
```

7.2.3 索引的删除

要想删除索引，则该索引必须包含在用户的模式中或用户必须具有 DROP ANY IN-DEX 数据库权限。索引删除之后，该索引的段的所有簇都返回给包含它的表空间，并可用于表空间中的其他对象。

如何删除索引,取决于是否是用 CREATE INDEX 语句明确地创建该索引的,是则可以用 DROP INDEX 语句删除该索引。如使用下面的语句删除 ind_std_name 索引:

DROP INDEX ind_std_name;

然而,不能直接删除与已启用的 UNIQUE KEY 键或 PRIMARY KEY 键约束相关的索引。要删除一个与约束相关的索引,必须停用或删除该约束本身。如使用下面的语句删除主键约束 pk_std_name,同时删除其对应的索引:

ALTER TABLE std DROP CONSTRAINT pk_std_name;

除了删除普通索引,达梦数据库还提供删除聚集索引,只要其聚集索引是通过 CREATE CLUSTER INDEX 明确建立的。

删除聚集索引其实是使用 ROWID 作为索引列重建聚集索引,即跟新建聚集索引一样会重建这个表以及其所有索引。

删除表就自动删除了所有与其相关的索引。

7.2.4 索引信息管理

创建索引后,可以通过 INDEXDEF 系统函数查看索引的定义。

INDEXDEF(INDEX_ID int, PREFLAG int);

INDEX_ID 为索引 ID, PREFLAG 表示返回信息中是否增加模式名前缀。例如,需要查看索引 ind_std_name 的定义,假设其索引 ID 为 10086,那么使用以下语句查看索引定义:

SELECT INDEXDEF(10086, 0);或 SELECT INDEXDEF(10086, 1);

习　　题

1.请解释视图在数据库中的作用,并思考大量使用视图会对系统性能造成什么影响。
2.请阐述聚集索引的特点。

第8章 存储模块与触发器

基本的 SQL 是高度非过程化的语言。SQL 1999 标准新增了过程和函数的概念,允许 SQL 使用程序设计语言来定义过程和函数。这种针对基础 SQL 的扩展语言,称为过程化 SQL。通过使用过程化 SQL,数据库具备了更多的功能,如声明变量常量,实现流程控制,创建存储过程和函数,定义触发器等。

在第 4 章中介绍的 DM_SQL 便是达梦数据库的过程化 SQL 语言。可以通过 DM_SQL 实现数据库的存储模块与触发器等高级功能。

8.1 存储模块

用户使用过程化 SQL 创建过程或函数,称为存储过程和存储函数。这些过程或函数像普通的过程或函数一样,有输入、输出参数和返回值,它们经编译和优化后存储在数据库服务器中,供用户随时调用。存储过程和存储函数在功能上相当于客户端的一段 SQL 批处理程序,但它为用户提供了一种更高效率的编程手段,成为现代数据库系统的重要特征。通常,我们将存储过程和存储函数统称为存储模块。

8.1.1 存储模块的优点

使用存储模块具有以下优点:

(1)提供更好的性能。由于存储过程不像解释执行的 SQL 语句那样在提出操作请求时才进行语法分析和优化工作,因而运行效率高。使用存储模块可减少应用对数据库的调用,降低系统资源浪费,显著提高性能。客户机上的应用程序只要通过网络向服务器发出调用存储过程的名字和参数,就可以让关系数据库管理系统执行其中的多条 SQL 语句并进行数据处理。只有最终的处理结果才返回客户端。

(2)提供更高的生产率。在使用过程化 SQL 程序设计应用时,围绕存储过程/函数进行设计,可以避免重复编码,提高生产率。在自顶向下设计应用时,不必关心实现的细节,编程方便。

(3)便于维护。可以把一些用户定义的规则写成存储过程放入数据库服务器中,由关系数据库管理系统管理,既有利于集中控制,又能够方便地进行维护。用户可以根据需要随时查询、删除或重建它们,而调用这些存储模块的应用程序可以不做任何修改,或只做少量调整。

(4)提供更高的安全性。存储模块可将用户与具体的内部数据操作进行隔离,提高数据库的安全性。如一个存储模块查询并修改一个表的某几个列，管理员只须将这个存储模块的执行权限授予某用户，而不必将表的访问和修改权限授予这个用户，保证用户只访问修改其需要的数据。

8.1.2　存储过程

创建存储过程的语法如下：

CREATE［OR REPLACE ］PROCEDURE＜模式名.存储过程名＞［WITH ENCRYPTION］［(＜参数名＞＜参数模式＞＜参数数据类型＞［＜默认表达式＞］{…})]

AS | IS

［＜声明部分＞］

BEGIN

＜执行部分＞

［Exception ＜异常处理部分＞］

END；

说明：

(1)＜模式名、存储过程名＞：指明被创建的存储过程的名字。

(2)＜参数名＞：指明存储过程参数的名称。

(3)＜参数模式＞：指明存储过程参数的输入/输出方式。参数模式可设置为 IN、OUT 或 IN OUT(OUT IN)，缺省为 IN 类型。IN 表示向存储过程传递参数，OUT 表示从存储过程返回参数，而 IN OUT 表示传递参数和返回参数。

(4)＜参数数据类型＞：指明存储过程参数的数据类型。

(5)＜声明部分＞：由变量、游标和子程序等对象的声明构成，可缺省。

(6)＜执行部分＞：由 SQL 语句和过程控制语句构成的执行代码。

(7)＜异常处理部分＞：各种异常的处理程序，存储过程执行异常时调用，可缺省。

注意：

使用上述语法创建一个存储过程要求用户为 DBA 或具有 CREATE PROCEDURE 权限。

OR REPLACE 选项的作用是当同名的存储过程存在时，首先将其删除，再创建新的存储过程，前提条件是当前用户具有删除原存储过程的权限，若没有删除权限，则创建失败。

WITH ENCRYPTION 为可选项，若指定 WITH ENCRYPTION 选项，则对 BEGIN 到 END 之间的语句块进行加密，防止非法用户查看其具体内容，加密后的存储过程或函数的定义可在 SYS.SYSTEXTS 系统表中查询。

存储过程可以带有参数，这样在调用存储过程时就需指定相应的实际参数，如果没有参数，参数模块可省略。参数的数据类型只能指定变量类型，不能指定长度。

可执行部分是存储过程的核心部分，由 SQL 语句和流控制语句构成。支持的 SQL 语句如下：

(1)数据查询语句(SELECT)；

(2)数据操纵语句(INSERT、DELETE、UPDATE)；

（3）游标定义及操纵语句（DECLARE CURSOR、OPEN、FETCH、CLOSE）；

（4）事务控制语句（COMMIT、ROLLBACK）；

（5）动态 SQL 执行语句（EXECUTE IMMEDIATE）。

【例 8.1】　创建一个简单的带参数的存储过程 PROC_1。

```
CREATE OR REPLACE PROCEDURE RESOURCES.proc_1(a IN OUT INT) AS
b INT:=10;
BEGIN
    a:=a+b;
    PRINT a;
    EXCEPTION
    WHEN OTHERS THEN NULL;
END;
```

该例子在模式 RESOURCES 下创建了一个名为 proc_1 的存储过程。例子中第 2 行是该存储过程的说明部分，这里声明了一个变量 b。第 4 行和第 5 行是该程序块运行时被执行的代码段，这里将 a 与 b 的和赋给参数 a。如果发生了异常，第 6 行开始的异常处理部分就对产生的异常情况进行处理。说明部分和异常处理部分都是可选的。如果用户在模块中不需要任何局部变量或者不想处理发生的异常，则可以省略这两部分。

8.1.3　存储函数

创建存储函数的语法如下：

```
CREATE [OR REPLACE ] FUNCTION[ <模式名>.]<存储函数名>[WITH EN-
CRYPTION](<参数名> <参数模式> <参数类型>,{…})
RETURN <返回类型>
AS | IS
声明部分
BEGIN
可执行部分
REUTRN 表达式
EXCEPTION
异常处理部分
END;
```

说明：

（1）<模式名>：指明被创建的存储函数所属模式的名字，缺省为当前模式名。

（2）<存储函数名>：指明被创建的存储函数的名字。

（3）WITH ENCRYPTION：可选项，如果指定 WITH ENCRYPTION 选项，则对 BE-GIN 到 END 之间的语句块进行加密，防止非法用户查看其具体内容，加密后的存储过程或函数的定义可在 SYS.SYSTEXTS 系统表中查询。

（4）<参数名>：指明存储函数参数的名称。

(5)＜参数模式＞:指明存储过程参数的输入/输出方式。参数模式可设置为 IN、OUT 或 IN OUT(OUT IN),缺省为 IN 类型。IN 表示向存储过程传递参数,OUT 表示从存储过程返回参数,而 IN OUT 表示传递参数和返回参数。

(6)＜参数类型＞:指明存储过程参数的数据类型。

(7)＜返回类型＞:指明存储函数返回值的数据类型。

(8)＜声明部分＞:由变量、游标和子程序等对象的声明构成,可缺省。

(9)＜执行部分＞:由 SQL 语句和过程控制语句构成的执行代码。

(10)＜异常处理部分＞:各种异常的处理程序,存储过程执行异常时调用,可缺省。

存储函数与存储过程在结构和功能上十分相似,主要的差异在于:

(1)存储过程没有返回值,调用者只能通过访问 OUT 或 IN OUT 参数来获得执行结果,而存储函数有返回值,它把执行结果直接返回给调用者;

(2)存储过程中可以没有返回语句,而存储函数必须通过返回语句结束;

(3)不能在存储过程的返回语句中带表达式,而存储函数必须带表达式;

(4)存储过程不能出现在一个表达式中,而存储函数可以出现在一个表达式中。

【例 8.2】 定义一个简单的带参数的存储函数。

```
CREATE OR REPLACE FUNCTION RESOURCES. fun_1(a INT，b INT) RETURN
INT AS
s INT；
BEGIN
    s:=a+b；
    RETURN s；
    EXCEPTION
    WHEN OTHERS THEN NULL；
END；
```

这个例子在模式 RESOURCES 下创建一个名为 fun_1 的存储函数。第 1 行说明了该函数的返回类型为 INT 类型。第 5 行将两个参数 a、b 的和赋给了变量 s,第 6 行的 RETURN 语句则将变量 s 的值作为函数的返回值返回。

8.1.4 DM_SQL 程序

DM_SQL 程序不需要存储,创建后立即执行,执行完毕即被释放。

DM_SQL 程序的定义语法与存储过程的定义语法类似,如下:

```
[＜声明部分＞]
BEGIN
＜执行部分＞
[＜异常处理部分＞]
END
```

对于不需要反复执行的脚本,使用 DM_SQL 程序是一个比较合适的选择。

客户端 DM_SQL 程序无法被其他程序调用,但它可以调用包括存储过程和存储函数等在内的其他函数。例如：

```
DECLARE
    r INT:=0;
BEGIN
    SELECT RESOURCES.fun_1(1,2) * 2 INTO r;
    CALL RESOURCES.proc_1(r);
END;
```

8.1.5　参数

存储模块及模块中定义的子模块都可以带参数,用来给模块传送数据及向外界返回数据。在存储过程或存储函数中定义一个参数时,必须说明名称、参数模式和数据类型。三种可能的参数模式是 IN(缺省模式)、OUT 和 IN OUT,意义分别为:

(1)N:输入参数,用来将数据传送给模块。

(2)OUT:输出参数,用来从模块返回数据到进行调用的模块。

(3)IN OUT:既作为输入参数,也作为输出参数。

在存储模块中使用参数时要注意下面几点:

(1)最多能定义不超过 1 024 个参数;

(2)IN 参数能被赋值;

(3)OUT 参数的初值始终为空,无论调用该模块时对应的实参值为多少;

(4)调用一个模块时,OUT 参数及 IN OUT 参数的实参必须是可赋值的对象。

下面的例子说明了不同模式的参数的使用方法。例子中在客户端 DM_SQL 程序中定义了一个子过程 raise_salary,三个参数分别为 IN、IN OUT 和 OUT 类型。调用 raise_salary 为工号为 emp_num 的员工加薪 bonus 元,在 raise_salary 中将加薪后的薪水值赋给 IN OUT 参数 bonus,将员工职位赋给 OUT 参数 title。

```
DECLARE
    emp_num INT := 1;
    bonus DEC(19,4) := 6000;
    title VARCHAR(50);
CREATE PROCEDURE raise_salary (
    emp_id IN INT,                        --输入参数
    amount IN OUT DEC(19,4),              --输入输出参数
    emp_title OUT VARCHAR(50)             --输出参数
)
IS
BEGIN
    UPDATE RESOURCES.EMPLOYEE
    SET SALARY = SALARY + amount
```

```
    WHERE EMPLOYEEID = emp_id;
    SELECT TITLE,SALARY INTO emp_title,amount
    FROM RESOURCES. EMPLOYEE
    WHERE EMPLOYEEID = emp_id;
END raise_salary;
BEGIN
    raise_salary(emp_num, bonus, title);
    DBMS_OUTPUT. PUT_LINE('工号：'||emp_num||''||'职位'||title||''||'加薪后薪
水：'||bonus);
END;
```

执行这个例子，将打印如下信息：

工号：1 职位：总经理加薪后薪水：46000.0000

使用赋值符号":="或关键字 DEFAULT，可以为 IN 参数指定一个缺省值。如果调用时未指定参数值，系统将自动使用该参数的缺省值。例如：

```
CREATE PROCEDURE proc_def_arg(a varchar(10) default 'abc', b INT：=123) AS
BEGIN
    PRINT a;
    PRINT b;
END;
```

调用过程 PROC_DEF_ARG，不指定输入参数值：

```
CALL proc_def_arg;
```

系统使用缺省值作为参数值，打印结果为：

```
abc
123
```

也可以只指定第一个参数，省略后面的参数：

```
CALL proc_def_arg('我们');
```

系统对后面的参数使用缺省值，打印结果为：

```
我们
123
```

8.1.6 变量

变量的声明应在声明部分，其语法为：

```
<变量名>{,<变量名>}[CONSTANT]<变量类型>[NOT NULL][ DEFAULT |
ASSIGN | :=<表达式>]
```

声明一个变量需要给这个变量指定名字及数据类型。

变量名必须以字母开头，包含数字、字母、下画线以及 $ 、♯ 符号，长度不能超过 128 字符,并且不能与 DM 的 DM_SQL 程序保留字相同,变量名与大小写是无关的。

变量的数据类型可以是基本的 SQL 数据类型,也可以是 DM_SQL 程序数据类型,比如一个游标、异常等。

用赋值符号":="或关键字 DEFAULT、ASSIGN,可以在定义时为变量指定一个缺省值。

在 DM_SQL 程序的执行部分可以对变量赋值,赋值语句有两种方式:

(1)直接赋值语句,语法为:

<变量名>:=<表达式>

或

SET <变量名>=<表达式>

(2)通过 SQL SELECT INTO 或 FETCH INTO 给变量赋值,语法如下:

SELECT <表达式>{,<表达式>}[INTO <变量名>{,<变量名>}] FROM <表引用>{,<表引用>}…;

或

FETCH [NEXT|PREV|FIRST|LAST|ABSOLUTE N|RELATIVE N]<游标名> [IN-TO<变量名>{,<变量名>}];

常量与变量相似,但常量的值在程序内部不能改变,常量的值在定义时赋予,它的声明方式与变量相似,但必须包含关键字 CONSTANT。

若需要打印变量的值,则要调用 PRINT 语句或 DBMS_OUTPUT.PUT_LINE 语句,若数据类型不一致,则系统会自动将它转换为 VARCHAR 类型输出。除了变量的声明外,变量的赋值、输出等操作都要放在 DM_SQL 程序的可执行部分。

下面的例子说明了如何对变量进行定义与赋值。

```
DECLARE            /*可以在这里赋值*/
  salary DEC(19,4);
BEGIN              /*也可以在这里赋值*/
  salary := (worked_time * hourly_salary) + bonus;
END;
```

变量只在定义它的语句块(包括其下层的语句块)内可见,并且定义在下一层语句块中的变量可以屏蔽上一层的同名变量。当遇到一个变量名时,系统首先在当前语句块内查找变量的定义;如果没有找到,再向包含该语句块的上一层语句块中查找,如此直到最外层。如下例:

```
DECLARE
  a INT :=5;
BEGIN
  DECLARE
```

```
    a VARCHAR(10); /* 此处定义的变量 a 与上一层中的变量 a 同名 */
BEGIN
    a:= 'ABCDEFG';
    PRINT a; /* 第一条打印语句 */
END;
PRINT a; /* 第二条打印语句 */
END;
```

本例先定义了一个整型变量 a，然后又在其下层的语句块中定义了一个同名的字符型变量 a。由于在该语句块中，字符型变量 a 屏蔽了整型变量 a，所以第一条打印语句打印的是字符型变量 a 的值，而第二条打印语句打印的则是整型变量 a 的值。执行结果如下：

```
ABCDEFG
5
```

8.1.7　调用存储模块

存储模块可以被其他存储模块或应用程序调用。同样，在存储模块中也可以调用其他存储模块。调用存储过程时，应给存储过程提供输入参数值，并获取存储过程的输出参数值。调用的语法格式如下：

[CALL][<模式名>.]<存储过程名>[(<参数值 1>,<参数值 2>)];

说明：

(1)<模式名>指明被调用存储过程所属的模式。

(2)<存储过程名>指明被调用存储过程的名称。

(3)<参数值>指明提供给存储过程的参数。

注意：

(1)如果被调用的存储过程不属于当前模式，必须在语句中指明存储过程的模式名。

(2)参数的个数和类型必须与被调用的存储过程一致。

(3)执行该操作的用户必须拥有该存储过程的 EXECUTE 权限。

【例 8.3】　创建存储过程 PROC_2，查询学生的学号、姓名、课程名、成绩，将学生所在系作为输入参数。

```
CREATE OR REPLACE PROCEDURE proc_2(departmentname IN VARCHAR(20))
    AS
    BEGIN
    SELECT student. sno, sname, cname, grade
    FROM student JOIN sc ON student. sno = sc. sno JOIN course ON course. cno =
sc. cno
    WHERE dept=departmentname;
END;
```

通过 CALL 来调用存储过程 proc_2：

CALL proc_2('信息学院')；

【例 8.4】　创建存储过程 PROC_3，查询指定系的男生人数，其中系为输入参数，人数为输出参数。

```
CREATE OR REPLACE PROCEDURE proc_3(departmentname IN VARCHAR(20),
num OUT INT)  AS
    BEGIN
    SELECT count(sno)INTO num
    FROM student
    WHERE dept=departmentname ANDsex='男'；
END；
```

通过 CALL 来调用存储过程 proc_3：

```
DECLARE
    num INT；
BEGIN
    CALL proc_2('信息学院', num)；
    PRINT num；
END；
```

对于存储函数，除了可以通过 CALL 语句和直接通过名字调用外，还可以通过 SELECT 语句来调用，且执行方式存在一些区别：

(1)通过 CALL 和直接使用名字调用存储函数时，不会返回函数的返回值，仅执行其中的操作。

(2)通过 SELECT 语句调用存储函数时，不仅会执行其中的操作，还会返回函数的返回值。SELECT 调用的存储函数不支持含有 OUT、IN OUT 模式的参数。

如下面的例子：

```
CREATE OR REPLACE FUNCTION proc(A INT) RETURN INT AS
DECLARE
    s INT；
    lv INT；
    rv INT；
BEGIN
    IF A = 1 THEN
    s = 1；
    ELSIF A = 2 THEN
    s = 1；
    ELSE
```

```
        rv = proc(A -1);
        lv = proc(A -2);
    s = lv + rv;
        print lv || '+' || rv || '=' || s;
    END IF;
    RETURN S;
END;
```

通过 CALL 来调用函数 proc：

```
CALL proc(3);
```

执行结果为：

```
1+1＝2
```

使用 SELECT 来调用这个函数 proc：

```
SELECT proc(3);
```

显示结果为：

```
行号        PROC(3)
--------    --------
1           2
```

可见，使用 CALL 调用存储函数会执行其中打印操作，但不返回结果集；而如果用 SE-LECT 调用的话就会输出返回值 55，这个相当于是结果集。

8.1.8 重新编译存储模块

我们常常需要访问或修改存储模块中的一些数据库表、索引等对象，而这些对象有可能已被修改甚至删除，这意味着对应的存储模块已经失效了。

若用户想确认一个存储模块是否还有效，可以重新编译该存储模块。

重新编译存储模块的语法如下：

```
ALTER PROCEDURE|FUNCTION [<模式名>.]<存储模块名> COMPILE [DEBUG];
```

语法中的"DEBUG"没有实际作用，仅语法支持。

例如，下面的语句对存储过程 proc_3 进行重新编译：

```
ALTER PROCEDURE proc_3 COMPILE;
```

8.1.9 删除存储模块

当用户需要从数据库中删除一个存储模块时，可以使用存储模块删除语句。其语法如下：

```
DROP PROCEDURE [IF EXISTS] [<模式名>.]<存储过程名>;
```

或

```
DROP FUNCTION [IF EXISTS] [<模式名>.]<存储过程名>;
```

当模式名缺省时，默认为删除当前模式下的存储模块，否则，应指明存储模块所属的模式。除了 DBA 用户外,其他用户只能删除自己创建的存储模块。

指定 IF EXISTS 关键字后,删除不存在的存储过程或者存储函数时不会报错,否则会报错。

例如,下面的语句删除之前创建的存储过程 RESOURCES. proc_1 和存储函数 RESOURCES. fun_1:

```
DROP PROCEDURE RESOURCES. proc_1;
DROP FUNCTION RESOURCES. fun_1;
```

8.2 触 发 器

触发器是一种特殊的存储过程。一旦定义,触发器将被保存在数据库服务器中。触发器的特殊性在于它是建立在某个具体的表或视图之上的,或者是建立在各种事件前后的,而且是自动激发执行的。任何用户对表的增、删、改操作均由服务器自动激活相应的触发器,在关系数据库管理系统核心层进行集中的完整性控制。触发器类似于约束,但是比约束更加灵活,可以实施更为复杂的检查和操作,具有更精细和更强大的数据控制能力。

DM 是一个具有主动特征的数据库管理系统,其主动特征包括约束机制和触发器机制。约束机制主要用于对某些列进行有效性和完整性验证;触发器(TRIGGER)定义当某些与数据库有关的事件发生时,数据库应该采取的操作。通过触发器机制,用户可以定义、删除和修改触发器。DM 自动管理和运行这些触发器,从而体现系统的主动性,方便用户使用。

触发器常用于自动完成一些数据库的维护工作。例如,触发器可以具有以下功能:

(1)可以对表自动进行复杂的安全性、完整性检查;

(2)可以在对表进行 DML 操作之前或者之后进行其他处理;

(3)进行审计,可以对表上的操作进行跟踪;

(4)实现不同节点间数据库的同步更新。

触发器与存储模块类似,都是在服务器上保存并执行的一段 DM_SQL 程序语句。不同的是,存储模块必须被显式地调用执行,而触发器是在相关的事件发生时由服务器自动隐式地激发。触发器是激发它们的语句的一个组成部分,即直到一个语句激发的所有触发器执行完成之后该语句才结束,而其中任何一个触发器执行的失败都将导致该语句的失败,触发器所做的任何工作都属于激发该触发器的语句。

触发器为用户提供了一种自己扩展数据库功能的方法。可以使用触发器来扩充引用完整性,实施附加的安全性或增强可用的审计选项。关于触发器应用的例子有:

(1)利用触发器实现表约束机制(如 PRIMARY KEY、FOREIGN KEY、CHECK 等)无法实现的复杂的引用完整性;

(2)利用触发器实现复杂的事务规则(如想确保薪水增加量不超过 25%);

(3)利用触发器维护复杂的缺省值(如条件缺省);

(4)利用触发器实现复杂的审计功能;

(5)利用触发器防止非法的操作。

触发器是应用程序分割技术的一个基本组成部分,它将事务规则从应用程序的代码中移到数据库中,从而可确保加强这些事务规则并提高它们的性能。

DM 提供了以下三种类型的触发器:

(1)表级触发器:基于表中的数据进行触发;

(2)事件触发器:基于特定系统事件进行触发;

(3)时间触发器:基于时间进行触发。

8.2.1 触发器的使用

触发器是依附于某个具体的表或视图的特殊存储过程,它在某个 DML 操作的激发下自动执行。在创建触发器时应该仔细考虑它的相关信息。具体来说,应该考虑以下几个方面的问题:

(1)触发器应该建立在哪个表/视图之上;

(2)触发器应该对什么样的 DML 操作进行响应;

(3)触发器在指定的 DML 操作之前激发还是在之后激发;

(4)对每次 DML 响应一次,还是对受 DML 操作影响的每一行数据都响应一次。

1. 定义触发器

在确定了触发器的实现细节后,现在就可以创建触发器了,创建触发器的语法格式如下:

```
CREATE [OR REPLACE] TRIGGER 触发器名[WITH ENCRYPTION]
    BEFORE|AFTER|INSTEAD OF
    DELETE|INSERT|UPDATE [OF 列名]
    ON 表名
    [FOR EACH ROW [WHEN 条件]]
BEGIN
    DMSQL 程序语句
END;
```

用户如果要在自己的模式中创建触发器,需要具有 CREATE TRIGGER 数据库权限。如果希望能够在其他用户的模式中创建触发器,需要具有 CREATE ANY TRIGGER 数据库权限。

在创建触发器的语法结构中,用方括号限定的部分是可选的,可以根据需要选用。创建触发器的命令是 CREATE TRIGGER,根据指定的名字创建一个触发器。OR REPLACE 子句的作用是若已经存在同名的触发器,则删除它,并重新创建。触发器名可以包含模式名,也可以不包含模式名。同一模式下,触发器名必须是唯一的,并且触发器名和表名必须在同一模式下。

　　触发器可以是前激发的(BEOFRE)，也可以是后激发的(AFTER)。若是前激发的，则触发器在 DML 语句执行之前激发。若是后激发的，则触发器在 DML 语句执行之后激发。用 BEFORE 关键字创建的触发器是前激发的，用 AFTER 关键字创建的触发器是后激发的，这两个关键字只能使用其一。INSTEAD OF 子句仅用于视图上的触发器，表示用触发器体内定义的操作代替原操作。

　　触发器可以被任何 DML 命令激发，包括 INSERT、DELETE、UPDATE。若希望其中的一种、两种或者三种命令能够激发该触发器，则可以指定它们之间的任意组合，两种不同的命令之间用 OR 分开，如 INSERT OR DELETE 等。如果指定了 UPDATE 命令，还可以进一步指定当表中的哪个列受到 UPDATE 命令的影响时激发该触发器，如 UPDATE OF ＜触发列，…＞。

　　FOR EACH ROW 子句的作用是指定创建的触发器为元组级触发器。若没有这样的子句，则创建的触发器为语句级触发器。INSTEAD OF 触发器固定为元组级触发器。例如，假设在 TEACHER 表上创建了一个 AFTER UPDATE 触发器，触发事件是 UPDATE 语句：UPDATE TEACHER SET Deptno＝5。假设表 TEACHER 有 1 000 行，如果定义的触发器为语句级触发器，那么执行完 UPDATE 语句后触发动作体执行一次；如果是元组级触发器，触发动作体将执行 1 000 次。

　　由关键字 BEGIN 和 END 限定的部分是触发器的代码，也就是触发器被激发时所执行的代码，称为触发动作体。代码的编写方法与普通的 DMSQL 语句块的编写方法相同。如果是行级触发器，用户可以在过程体中使用 NEW 和 OLD 引用 UPDATE/INSERT 事件之后的新值和 UPDATE/DELETE 事件之前的旧值；如果是语句级触发器，那么不能在触发动作体中使用 NEW 或 OLD 进行引用。

　　如果触发动作体执行失败，激活触发器的事件(即对数据库的增、删、改操作)就会终止执行，触发器的目标表或触发器可能影响的其他对象不发生任何变化。

　　在触发器中可以定义变量，但必须以 DECLARE 开头。触发器也可以进行异常处理，如果发生异常，就执行相应的异常处理程序。

　　例如，下面创建的触发器是为了监视用户对表 emp 中的数据所进行的删除操作。若有这样的访问，则打印相应的信息。

```
CREATE OR REPLACE TRIGGER DEL_TRG
BEFORE DELETE
ON emp
BEGIN
    PRINT ′您正在对表 emp 进行删除操作′;
END;
```

2. 激活触发器

　　触发器的执行是由触发事件激活，并由数据库服务器自动执行的。一个数据表上可能定义了多个触发器,如多个 BEFORE 触发器、多个 AFTER 触发器等,同一个表上的多个触发器激活时遵循如下的执行顺序:

(1)执行该表上的 BEFORE 触发器。

(2)激活触发器的 SQL 语句。

(3)执行该表上的 AFTER 触发器。

对于同一个表上的多个 BEFORE(AFTER)触发器,遵循"谁先创建谁先执行"的原则,即按照触发器创建的时间先后顺序执行。有些关系数据库管理系统是按照触发器名称的字母排序顺序执行触发器的。

例如,若在表 EMP 上进行 DELETE 操作,则激发刚才创建的 DEL_TRG 触发器:

DELETE FROM EMP;

打印以下信息:

您正在对表 EMP 进行删除操作

从触发器的执行情况可以看出,无论用户通过 DELETE 命令删除 0 行、1 行或者多行数据,这个触发器只对每次 DELETE 操作激发一次,所以这是一个典型的语句级触发器。

3. 删除触发器

如果一个触发器不再使用,那么可以删除它。删除触发器的语法为:

DROP TRIGGER [IF EXISTS]触发器名;

例如,要删除刚才创建的触发器 DEL_TRG,使用语句为:

DROP TRIGGER DEL_TRG;

触发器的创建者和数据库管理员可以使触发器失效。触发器失效后将暂时不起作用,直到再次使它有效。使触发器失效的命令格式为:

ALTER TRIGGER 触发器名 DISABLE;

触发器失效后只是暂时不起作用,它仍然存在于数据库中,使用命令可以使它再次起作用。使触发器再次有效的命令格式为:

ALTERTRIGGER 触发器 ENABLE;

例如,下面的两条命令先使触发器 DEL_TRG 失效,然后使其再次有效:

ALTER TRIGGER DEL_TRG DISABLE;
ALTER TRIGGER DEL_TRG ENABLE;

8.2.2 表级触发器

表级触发器都是基于表中数据的触发器,它通过针对相应表对象的插入/删除/修改等 DML 语句触发。

1. 触发动作

激发表级触发器的触发动作是三种数据操作命令,即 INSERT、DELETE 和 UPDATE

操作。在触发器定义语句中用关键字 INSERT、DELETE 和 UPDATE 指明构成一个触发器事件的数据操作的类型,其中 UPDATE 触发器会依赖于所修改的列,在定义中可通过 UPDATE OF<触发列清单>的形式来指定所修改的列,<触发列清单>指定的字段数不能超过 128 个。

2. 触发级别

根据触发器的级别可将其分为元组级（也称行级)和语句级。元组级触发器对触发命令所影响的每一条记录都激发一次。假如一个 DELETE 命令从表中删除了 1 000 行记录,那么这个表上的元组级 DELETE 触发器将被执行 1 000 次。元组级触发器常用于数据审计、完整性检查等应用中。元组级触发器是在触发器定义语句中通过 FOR EACH ROW 子句创建的。对于元组级触发器,可以用一个 WHEN 子句来限制针对当前记录是否执行该触发器。WHEN 子句包含一条布尔表达式,当它的值为 TRUE 时,执行触发器;否则,跳过该触发器。

语句级触发器对每个触发命令执行一次。例如,对于一条将 500 行记录插入表 TABLE_1 中的 INSERT 语句,这个表上的语句级 INSERT 触发器只执行一次。语句级触发器一般用于对表上执行的操作类型引入附加的安全措施。语句级触发器是在触发器定义语句中通过 FOREACH STATEMENT 子句创建的,该子句可缺省。

3. 触发时机

触发时机通过两种方式指定:一是通过指定 BEFORE 或 AFTER 关键字,选择在触发动作之前或之后运行触发器;二是通过指定 INSTEAD OF 关键字,选择在动作触发的时候,替换原始操作,INSTEAD OF 允许建立在视图上,并且只支持行级触发。

在元组级触发器中可以引用当前修改的记录在修改前后的值,修改前的值称为旧值,修改后的值称为新值。对于插入操作不存在旧值,而对于删除操作则不存在新值。对于新、旧值的访问请求常常决定一个触发器是 BEFORE 类型还是 AFTER 类型。如果需要通过触发器对插入的行设置列值,那么为了能设置新值,需要使用一个 BEFORE 触发器,因为在 AFTER 触发器中不允许用户设置已插入的值。在审计应用中则经常使用 AFTER 触发器,因为元组修改成功后才有必要运行触发器,而成功地完成修改意味着成功地通过了该表的引用完整性约束。

8.2.3　事件触发器

前面的表级触发器都是基于表中数据的触发器,它通过针对相应表对象的插入/删除/修改等 DML 语句触发。DM 还支持事件触发器,包括库级和模式级触发器,这类触发器并不依赖于某个表,而是基于特定系统事件触发的,通过指定 DATABASE 或某个 SCHEMA 来表示事件触发器的作用区域。创建事件触发器的用户需要拥有 CREATE_TRIGGER 或 CREATE_ANY_TRIGGER 的权限。

可以触发的事件包含以下两类：

(1) DDL 事件，包括 CREATE、ALTER、DROP、GRANT、REVOKE 以及 TRUN-CATE。

(2) 系统事件，包括 LOGIN/LOGON、LOGOUT/LOGOFF、AUDIT、NOAUDIT、BACKUP DATABASE、RESTORE DATABASE、TIMER、STARTUP、SHUTDOWN 以及 SERERR(执行错误事件)。

所有 DDL 事件触发器都可以设置 BEFORE 或 AFTER 的触发时机，但系统事件中 LOGOUT、SHUTDOWN 仅能设置为 BEFORE，而其他则只能设置为 AFTER。模式级触发器不能是 LOGIN/LOGON、LOGOUT/LOGOFF、SERERR、BACKUP DATABASE、RESTORE DATABASE、STARTUP 和 SHUTDOWN 事件触发器。

与数据触发器不同，事件触发器不能影响对应触发事件的执行。它的主要作用是帮助管理员监控系统运行发生的各类事件，进行一定程度的审计和监视工作。

8.2.4 时间触发器

时间触发器是一种特殊的事件触发器。时间触发器的特点是用户可以定义在任何时间点、时间区域、每隔多长时间等来激发触发器，而不是通过数据库中的某些操作如 DML、DDL 等来激发，它的最小时间精度为分钟。

时间触发器与其他触发器的不同只是在触发事件上，在 DM_SQL 语句块(BEGIN 和 END 之间的语句)的定义是完全相同的。

时间触发器的创建语法如下：

```
CREATE [OR REPLACE] TRIGGER 触发器名 WITH ENCRYPTION
AFTER TIMER ON DATABASE
{时间定义语句}
BEGIN
    执行语句
END;
```

下面的例子为在每个月的第 28 天，从 9 点开始到 18 点之间，每隔一分钟就打印一个字符串"Hello World"。

```
CREATE OR REPLACE TRIGGER timer2
AFTER TIMER ON DATABASE
FOR EACH 1 MONTH DAY 28
FROM TIME '09:00' TO TIME '18:00' FOR EACH 1 MINUTE
DECLARE
str VARCHAR;
BEGIN
    PRINT 'HELLO WORLD';
END;
```

时间触发器实用性很强,如在凌晨(此时服务器的负荷比较轻)做一些数据的备份操作,对数据库中表的统计信息的更新操作等类似的事情。同时也可以作为定时器通知一些用户在未来的某些时间要做哪些事情。

8.2.5　触发器总结

表级触发器的触发事件包括某个基表上的 INSERT、DELETE 和 UPDATE 操作,无论对于哪种操作,都能够为其创建 BEFORE 触发器和 AFTER 触发器。如果触发器的动作代码不取决于受影响的数据,语句级触发器就非常有用。例如,可以在表上创建一个 BE-FOREINSERT 语句触发器,以防止在某些特定期限以外的时间对一个表进行插入。

每张基表上可创建的触发器的个数没有限制,但是触发器的个数越多,处理 DML 语句所需的时间就越长,这是显而易见的。创建触发器的用户必须是基表的创建者,或者拥有 DBA 权限。注意,不存在触发器的执行权限,因为用户不能主动调用某个触发器,是否激发一个触发器是由系统来决定的。

对于语句级和元组级的触发器来说,都是在 DML 语句运行时激发的。在执行 DML 语句的过程中,基表上所创建的触发器按照下面的次序依次执行:

(1)如果有语句级前触发器的话,先运行该触发器。

(2)对于受语句影响每一行:

1)如果有行级前触发器的话,运行该触发器;

2)执行该语句本身;

3)如果有行级后触发器的话,运行该触发器。

(3)如果有语句级后触发器的话,运行该触发器。

需要注意的是,同类触发器的激发顺序没有明确的定义。如果顺序非常重要的话,应该把所有的操作组合在一个触发器中。触发器功能强大,但需要谨慎使用,过多的触发器或复杂触发器过程脚本会降低数据库的运行效率。

还需要注意的是,在 DM 的数据守护环境下,备库上定义的触发器是不会被触发的。

习　　题

1.达梦数据库中,通过使用_____,可以产生一组在循环周期内不重复的有序整数值。

2.达梦数据库提供了_____、_____、_____、存储过程、函数、触发器的管理与设计功能。

3.对表数据进行操作触发的触发器称之为_____触发器,对数据库对象操作触发的触发器称之为_____触发器。

4.基于 EMPLOYEE 表创建一个名为 VIEW_EMPLOYEE 的视图,要求获取 DE-PARTMENT_ID 字段值为"101"的数据。

5.创建一个名为 seq_locid 的序列,要求该序列从 11 开始,并且以 1 递增。

第9章 数据库安全性

数据是一种极具价值的资源,像其他资源一样,数据也应当受到严格的控制和管理。对于一个组织机构来说,部分或者全部数据可能具有战略重要性,因此应该确保其安全性和机密性。

9.1 数据库安全性概述

数据库的安全性是指保护数据库以防止不合法使用所造成的数据泄露、更改或破坏。

安全性问题不是数据库系统所独有的,所有计算机系统都存在不安全因素,只是在数据库系统中大量数据集中存放,而且为众多最终用户直接共享,从而使安全性问题更为突出。系统安全保护措施是否有效是数据库系统的主要技术指标之一。

9.1.1 数据库安全有关问题

安全问题不仅仅要考虑数据库存储的数据的安全,安全漏洞也会威胁系统的其他部分,从而进一步影响数据库。因此数据库安全涉及硬件、软件、人和数据。为了有效地实现安全保障,必须对系统加以适当的控制,这些控制则是针对系统特定的任务目标而制定的。过去常常被轻视甚至忽视的安全需求如今已经逐渐引起了组织机构的重视,因为越来越多的数据存储在计算机中,而且人们已经认识到,这些数据的任何损坏、丢失以及低效、不可用都将是一次灾难。

数据库代表了一种关键的组织机构资源,应该通过适当的控制进行合理的保护。因此,考虑下列与数据库安全有关的问题:

- 盗用和假冒;
- 破坏机密性;
- 破坏隐私;
- 破坏完整性;
- 破坏可用性。

这些问题代表了组织机构在竭力降低风险时应该考虑的方方面面。风险指的是组织机构数据遭遇丢失或者破坏的可能性。在某些情况下,这些问题是密切相关的,即某一行为造成了某一方面的损失,同时也可能对其他方面造成破坏。此外,对于某些有意或者无意的行为而引发的假冒或者泄露隐私的问题,数据库或者计算机系统未必能察觉得到。

盗用或假冒不但会影响数据库环境,而且还会影响到整个组织机构。因为导致这类问题出现的原因是人本身,所以应该致力于对人的控制,以减少这类问题发生的概率。盗用或假冒的行为不一定会修改数据,它与泄露隐私和机密的行为造成的结果类似。

机密性是指维持数据保密状态的必要性,通常只针对那些对组织机构至关重要的数据而言;而隐私是指保护个体信息的必要性。由于安全漏洞而导致机密性被破坏会给组织机构带来损失,例如使组织机构丧失竞争力;而隐私被泄密则可能会使组织机构面临法律问题。

数据完整性的破坏会导致产生无效或者被损毁的数据,这些数据会严重影响组织机构的正常运作。现在,许多组织机构都要求数据库系统不间断运作,即所谓的"24×7"(一天24 小时,一星期 7 天)不停机运行模式。可用性被破坏则意味着数据或者系统无法访问,或者二者同时都无法访问,这将严重影响组织机构的经济效益。在某些情况下,导致系统不可用的故障也会导致数据损毁。

数据库安全是在不过分约束用户行为的前提下,尽力以经济高效的方式将可预见事件造成的损失降至最小。近年来,基于计算机的犯罪活动大幅度增加,预计今后几年还将持续上升。

9.1.2　数据库的安全威胁

威胁可能是由给组织机构带来危害的某种局势或者事件产生的,这种局势或者事件涉及人、人的操作以及环境。危害可能是有形的,比如硬件、软件或数据遭到了破坏或者丢失;也可能是无形的,比如组织机构因此失去了信誉或者客户的信赖。任何组织机构都将面临的问题是发现所有可能的威胁,至少组织机构应当投入时间和精力找出后果最为严重的威胁。

在上一小节里,我们分析了某些有意或无意的行为可能造成的危害。不管这些威胁是有意还是无意的,危害的结果都是一样的。有意的威胁来自人,制造威胁的人可能是授权用户,也可能是未授权用户,其中还可能包括组织机构外部人员。

任何威胁都必须被看作是一种潜在的安全漏洞,如果入侵成功,将会对组织机构造成一定的冲击。表 9.1 列举了各种不同类型的威胁,同时还列举了它们可能造成的破坏。例如"查看和泄露未授权数据"可能就会导致盗用和假冒,还会导致组织机构机密及隐私的泄露。

表 9.1　威胁示例

威　胁	盗用和假冒	破坏机密性	破坏隐私	破坏完整性	破坏可用性
使用他人身份访问	√	√	√		
未授权的数据修改和复制	√			√	
程序变更	√			√	√
策略或过程的不完备导致机密数据和普通数据混淆在一起输出	√	√	√		
窃听	√	√	√		
黑客的非法入侵	√	√	√		

续 表

威 胁	盗用和假冒	破坏机密性	破坏隐私	破坏完整性	破坏可用性
敲诈、勒索	√	√	√		
制造系统"陷阱门"	√	√	√		
盗窃数据、程序和设备	√	√	√		√
安全机制失效导致超出常规的访问		√	√	√	
员工短缺或罢工				√	√
员工训练不足		√	√	√	√
查看和泄漏未授权数据	√	√	√		
电子干扰和辐射				√	√
因断电或电涌导致数据丢失				√	√
火灾（电起火、闪电或人为纵火）、洪水、爆炸				√	√
设备的物理损坏				√	√
线缆不通或断开				√	√
病毒入侵				√	√

威胁对组织机构造成危害的后果的严重程度取决于很多因素，例如是否存在相应的对策或应急措施。比如说，如果二级存储设备发生硬件故障而崩溃，那么所有的数据处理活动都将终止，直到该问题得到解决。恢复也取决于多种因素，包括最后备份的时间和恢复系统所需时间。

组织机构需要明确其可能面临的威胁，并拟定相应的解决方案和应对策略，同时考虑实施成本。显然，在那些只会导致轻微损失的威胁上投入大量的时间、精力和资金得不偿失。组织机构的业务种类也会影响其对可能遭受威胁类型的考虑，对于某些组织机构来说，某些威胁基本不会出现。但是，这些小概率事件也应该在考虑之中，尤其是那些后果严重的事件。

9.2 数据库安全性控制

在一般计算机系统中，安全措施是一级一级层层设置的。例如，在图9.1所示的安全模型中，用户要求进入计算机系统时，系统首先根据输入的用户标识进行用户身份鉴定，只有合法的用户才准许进入计算机系统；对已进入系统的用户，数据库管理系统还要进行存取控制，只允许用户执行合法操作；操作系统也会有自己的保护措施；数据最后还可以以密码形式存储到数据库中。操作系统的安全保护措施可参考操作系统的有关书籍，这里不再详述。另外，对于强力逼迫透露口令、盗窃物理存储设备等行为而采取的保安措施，例如出入机房登记、加锁等，也不在讨论之列。

下面讨论与数据库有关的安全性，主要包括用户身份鉴别、多层存取控制、审计、视图和数据加密等安全技术。

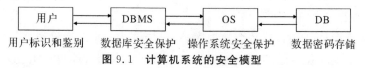

图 9.1　计算机系统的安全模型

图 9.2 所示是数据库安全保护的一个存取控制流程。首先,数据库管理系统对提出 SQL 访问请求的数据库用户进行身份鉴别,防止不可信用户使用系统;然后,在 SQL 处理层进行自主存取控制和强制存取控制,进一步还可以进行推理控制。为监控恶意访问,可根据具体安全需求配置审计规则,对用户访问行为和系统关键操作进行审计。通过设置简单入侵检测规则,对异常用户行为进行检测和处理。在数据存储层,数据库管理系统不仅存放用户数据,还存储与安全有关的标记和信息(称为安全数据),提供存储加密功能等。

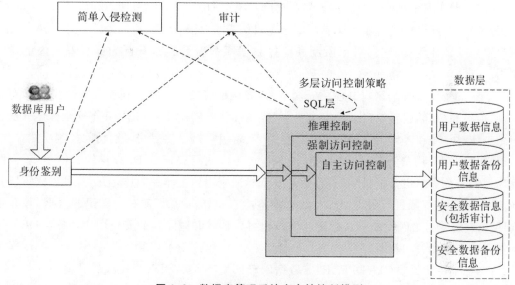

图 9.2　数据库管理系统安全性控制模型

9.2.1　用户标识与鉴别

用户标识与鉴别对试图登录数据库进行数据访问的用户进行身份验证,以确认此用户是否能与某一数据库用户进行关联,并根据关联的数据库用户的权限对此用户在数据库中的数据访问活动进行安全控制。

1. 管理用户

在现实生活中,任何一个系统如果将所有的权利都赋予给某一个人,而不加以监督和控制,势必会产生权利滥用的风险。从数据库安全角度出发,一个大型的数据库系统有必要将数据库系统的权限分配给不同的角色来管理,并且各自偏重于不同的工作职责,使之能够互相限制和监督,从而有效保证系统的整体安全。

达梦数据库默认采用"三权分立"的安全机制,将系统中所有的权限按照类型进行划分,将系统管理员分为数据库管理员、数据库安全员和数据库审计员三种类型,并为每个管理员分配相应的权限,管理员之间的权限相互制约又相互协助,从而使整个系统具有较高的安全性和较强的灵活性。

(1)数据库管理员(DBA)。每个数据库至少需要一个 DBA 来管理,DBA 可能是一个团队,也可能是一个人。在不同的数据库系统中,DBA 的职责可能也会有比较大的区别。总体而言,DBA 的职责主要包括以下任务:

1)评估数据库服务器所需的软、硬件运行环境。

2)安装和升级服务器。

3)数据库结构设计。

4)监控和优化数据库的性能。

5)计划和实施备份与故障恢复。

(2)数据库安全员(SSO)。传统的数据库系统由 DBA 一人拥有所有权限并且承担所有职责。这样的安全机制可能无法满足部分项目的需求,此时 SSO 和数据库审计员两类管理用户就显得异常重要,它们对于限制和监控数据库管理员的所有行为都起着至关重要的作用。

SSO 的主要职责是制定并应用安全策略,强化系统安全机制。在安全策略中定义安全级别、范围和组,然后基于定义的安全级别、范围和组来创建安全标记,并将安全标记分别应用到主体(用户)和客体(各种数据库对象,如表、索引等),以便启用强制访问控制功能。

SSO 不能对用户数据进行增、删、改、查,也不能执行普通的 DDL 操作如创建表、视图等。他们只负责制定安全机制,将合适的安全标记应用到主体和客体,通过这种方式可以有效地对 DBA 的权限进行限制,DBA 此后就不能直接访问添加有安全标记的数据,除非给 DBA 也设定了与之匹配的安全标记。SSO 也可以创建和删除新的安全用户,向这些用户授予和回收安全相关的权限,

(3)数据库审计员(AUDITOR)。数据库审计员(SYSAUDITOR 或者其他由 SYSAU-DITOR 创建的审计员)可以设置审计策略(包括审计对象和操作)。在需要时,数据库审计员可以查看审计记录,及时分析并查找出数据库的操作问题。

审计员的主要职责就是创建和删除数据库,设置/取消对数据库对象和操作的审计设置,查看和分析审计记录等。

2.创建用户

数据库系统在运行的过程中,往往需要根据实际需求创建用户,然后为用户指定适当的权限。创建用户的操作一般只能由系统预设用户 SYSDBA、SYSSSO 和 SYSAUDITOR 完成,如果普通用户需要创建用户,必须具有 CREATE USER 的数据库权限。

创建用户的命令是 CREATE USER,创建用户所涉及的内容包括为用户指定用户名、认证模式、口令、口令策略、空间限制、只读属性以及资源限制。其中用户名是代表用户账号的标识符,长度为 1～128 个字符。用户名可以用双引号括起来,也可以不用,但如果用户名以数字开头,则必须用双引号括起来。

例如,创建用户名为 BOOKSHOP_USER、口令为 BOOKSHOP_PASSWORD、会话超

时为 3min 的用户。

CREATE USER BOOKSHOP_USER IDENTIFIED BY BOOKSHOP_PASSWORD LIM-
IT CONNECT_TIME 3;

3. 用户身份验证模式

达梦数据库提供数据库身份验证模式和外部身份验证模式来保护对数据库访问的安全。数据库身份验证模式需要利用数据库口令,即在创建或修改用户时指定用户口令,用户在登录时输入对应口令进行身份验证;外部身份验证模式支持基于操作系统(OS)的身份验证、LDAP 身份验证和 KERBEROS 身份验证。

4. 修改用户信息

为了防止不法之徒盗取用户的口令,用户应该经常改变自己的口令。用户的口令不应该是类似 12345、abcdef 这样简单的字符串,更不要指定为自己的生日或姓名,也不要指定为一个英文单词,因为这样的口令很容易被破解。一个好的口令应该是包含大小写字母、数字、特殊符号在内的混合字符串。统计表明,一个口令中包含的成分越复杂,就越难被破译。

修改用户口令的操作一般由用户自己完成,SYSDBA、SYSSSO、SYSAUDITOR 可以无条件修改同类型的用户的口令。普通用户只能修改自己的口令,如果需要修改其他用户的口令,必须具有 ALTER USER 数据库权限。修改用户口令时,口令策略应符合创建该用户时指定的口令策略。

使用 ALTER USER 语句可修改用户口令。除口令外,这个语句还可以修改用户的口令策略、空间限制、只读属性以及资源限制等。

ALTER USER 语句的语法与创建用户的语法极为相似,具体语法格式如下:

ALTER USER <用户名> [IDENTIFIED <身份验证模式>][PASSWORD_POLI-
CY <口令策略>][<锁定子句>][<存储加密密钥>][<空间限制子句>][<只读标志
>][<资源限制子句>][<允许 IP 子句>][<禁止 IP 子句>][<允许时间子句>][<禁
止时间子句>][<TABLESPACE 子句>][<SCHEMA 子句>];

例如,下面的语句修改用户 BOOKSHOP_USER 的空间限制为 20 MB:

ALTER USER BOOKSHOP_USER DISKSPACE LIMIT 20;

5. 删除用户

删除用户的操作一般由 SYSDBA、SYSSSO、SYSAUDITOR 完成,他们可以删除同类型的其他用户。普通用户要删除其他用户,需要具有 DROP USER 权限。

使用 DROP USER 语句删除语句,语法格式为:

DROP USER [IF EXISTS] <用户名> [RESTRICT | CASCADE];

一个用户被删除后,这个用户本身的信息,以及它所拥有的数据库对象的信息都将从数据字典中删除。

指定 IF EXISTS 关键字后,删除不存在的用户时不会报错,否则会报错。

如果在删除用户时未使用 CASCADE 选项（缺省使用 RESTRICT 选项），但该用户建立了数据库对象，DM 将返回错误信息，而不删除此用户。

如果在删除用户时使用了 CASCADE 选项，除数据库中该用户及其创建的所有对象被删除外，其他用户创建的对象引用了该用户的对象，DM 还将自动删除相应的引用完整性约束及依赖关系。

例如，假设用户 BOOKSHOP_USER 建立了自己的表或其他数据库对象，执行下面的语句：

DROP USER BOOKSHOP_USER；

将提示错误信息"试图删除被依赖对象［BOOKSHOP_USER］"。

下面的语句则能成功执行，会将 BOOKSHOP_USER 所建立的数据库对象一并删除：

DROP USER BOOKSHOP_USER CASCADE；

9.2.2　访问控制

典型的数据库系统访问控制机制是基于权限的授予与回收。权限允许用户创建或者访问（即读、写或者修改）某些数据库对象（比如关系、视图或者索引），或者运行某些 DBMS 的实用工具。用户被授予满足其工作所需的各项权限。过多不必要的授权可能会危及系统安全，所以应该按需授权；只有在用户不具备某权限就无法完成工作时，才应对其进行相应的授权。某一数据库对象（比如关系或者视图）的创建者自动拥有该对象上的所有权限。DBMS 将跟踪这些权限是如何授予其他用户的，如果必要需对权限进行回收，以确保任何时刻只有具备必要权限的用户才能够访问数据库对象。

1. 自主访问控制

大多数商用 DBMS 都提供一种使用 SQL 进行权限管理的机制，即自主访问控制（Discre-tionary Access Control，DAC）机制。SQL 标准通过 GRANT 和 REVOKE 命令来支持 DAC 的实施。GRANT 命令将权限授予用户，REVOKE 命令回收权限。

自主访问控制尽管有效，但也有弱点。特别是在自主访问控制机制里，一个未授权用户可以利用授权用户，令其泄露机密数据。例如，某未授权用户，DreamHome 案例研究中的一位助理，创建了一个用来获取新客户信息的关系，并在系统的某位授权用户（比如经理）不知情的情况下，将对新建关系的访问权限授予他。然后这位助理再偷偷修改应用程序，使得当这位经理在访问只有他才有权访问的数据时，执行一些隐秘的指令，将关系 Client 中的机密数据复制到助理新创建的那个关系中。于是未授权用户（即该助理）就拥有了一份机密数据的副本，即 DreamHome 新客户的资料，然后助理将应用程序再次修改回去以掩盖其非法行为。

强制访问控制（Mandatory Access Control，MAC）机制的应用可消除这类漏洞。

2. 强制访问控制

强制访问控制是一种系统级的策略，用户无法对其进行修改。在该机制中，每一个数据库对象都被赋予了一个安全级别(security class),每一位用户也都被赋予了对某种安全级别的访问许可级别(clearance),并且制定了用户读、写数据库对象的规则(rule)。DBMS 根据读、写规则,比照用户的访问许可级别和用户要访问对象的安全级别来决定是否允许用户的此次读、写操作。这些规则是为了确保机密数据永远不会被没有相应访问许可的用户得到。

9.2.3　自主存取控制方法:权限管理

自主存取控制方法由数据库对象的拥有者自主决定是否将自己拥有的对象的部分或全部访问权限授予其他用户。也就是说,在自主访问控制下,用户可以按照自己的意愿,有选择地与其他用户共享他拥有的数据库对象。

达梦数据库对用户的权限管理有着严密的规则,如果没有权限,用户将无法完成任何操作。

用户权限有两类:数据库权限和对象权限。数据库权限主要是指针对数据库对象的创建、删除、修改,对数据库备份等权限。而对象权限主要是指对数据库对象中的数据的访问权限。数据库权限一般由 SYSDBA、SYSAUDITOR 和 SYSSSO 指定,也可以由具有特权的其他用户授予。对象权限一般由数据库对象的所有者授予用户,也可由 SYSDBA 用户指定,或者由具有该对象权限的其他用户授权。

1. 数据库权限

数据库权限是与数据库安全相关的非常重要的权限,其权限范围比对象权限更加广泛,因而一般被授予数据库管理员或者一些具有管理功能的角色。数据库权限与 DM 预定义角色有着重要的联系,一些数据库权限由于权力较大,只集中在几个 DM 系统预定义角色中,且不能转授。常用的几种数据库权限如表 9.2 所示。

表 9.2　常用的几种数据库权限

数据库权限	说　明
CREATE TABLE	在自己的模式中创建表的权限
CREATE VIEW	在自己的模式中创建视图的权限
CREATE USER	创建用户的权限
CREATE TRIGGER	在自己的模式中创建触发器的权限
ALTER USER	修改用户的权限
ALTER DATABASE	修改数据库的权限
CREATE PROCEDURE	在自己的模式中创建存储程序的权限

2. 对象权限

对象权限主要是对数据库对象中的数据的访问权限,主要用来授予需要对某个数据库对象的数据进行操作的数据库普通用户。表 9.3 列出了主要的对象权限。

表 9.3　主要的对象权限

数据库对象权限	表	视图	存储程序	包	类	类型	序列	目录	域
SELECT	√	√					√		
INSERT	√	√							
DELETE	√	√							
UPDATE	√	√							
REFERENCES	√								
DUMP	√								
EXECUTE			√	√	√	√			
READ								√	
WRITE								√	
USAGE									√

SELECT、INSERT、DELETE 和 UPDATE 权限分别是针对数据库对象中的数据的查询、插入、删除和修改的权限。对于表和视图来说,删除操作是整行进行的,而查询、插入和修改却可以在一行的某个列上进行,所以在指定权限时,DELETE 权限只要指定所要访问的表就可以了,而 SELECT、INSERT 和 UPDATE 权限还可以进一步指定是对哪个列的权限。

表对象的 REFERENCES 权限是指可以与一个表建立关联关系的权限,如果具有了这个权限,当前用户就可以通过自己的一个表中的外键,与对方的表建立关联。关联关系是通过主键和外键进行的,所以在授予这个权限时,可以指定表中的列,也可以不指定。

存储程序等对象的 EXECUTE 权限是指可以执行这些对象的权限。有了这个权限,一个用户就可以执行另一个用户的存储程序、包、类等。

目录对象的 READ 和 WRITE 权限指可以读或写访问某个目录对象的权限。

域对象的 USAGE 权限指可以使用某个域对象的权限。拥有某个域的 USAGE 权限的用户可以在定义或修改表时为表列声明使用这个域。

在一个用户获得另一个用户的某个对象的访问权限后,可以以"模式名.对象名"的形式访问这个数据库对象。一个用户所拥有的对象和可以访问的对象是不同的,这一点在数据字典视图中有所反映。在默认情况下用户可以直接访问自己模式中的数据库对象,但是要访问其他用户所拥有的对象,就必须具有相应的对象权限。

对象权限的授予一般由对象的所有者完成,也可由 SYSDBA 或具有某对象权限且具有转授权限的用户授予,但最好由对象的所有者完成。

9.2.4　自主存取控制方法:角色管理

角色是一组权限的组合,使用角色的目的是使权限管理更加方便。假设有 10 个用户,这些用户为了访问数据库,至少拥有 CREATE TABLE、CREATE VIEW 等权限。如果将这些权限分别授予这些用户,那么需要进行的授权次数是比较多的。但是如果把这些权限事先放在一起,然后作为一个整体授予这些用户,那么每个用户只需一次授权,授权的次数将大大减少,而且用户数越多,需要指定的权限越多,这种授权方式的优越性就越明显。这些事先组合在一起的一组权限就是角色,角色中的权限既可以是数据库权限,也可以是对象权限,还可以是别的角色。

为了使用角色,首先在数据库中创建一个角色,这时角色中没有任何权限。然后向角色中添加权限。最后将这个角色授予用户,这个用户就具有了角色中的所有权限。在使用角色的过程中,可以随时向角色中添加权限,也可以随时从角色中删除权限,用户的权限也随之改变。如果要回收所有权限,只需将角色从用户回收即可。

表 9.4 展示常见的数据库预设角色。

表 9.4　常用的数据库预设角色

角色名称	角色简单说明
DBA	DM 数据库系统中对象与数据操作的最高权限集合,拥有构建数据库的全部特权,只有 DBA 才可以创建数据库结构
RESOURCE	可以创建数据库对象,对有权限的数据库对象进行数据操纵,不可以创建数据库结构
PUBLIC	不可以创建数据库对象,只能对有权限的数据库对象进行数据操纵
VTI	具有系统动态视图的查询权限,VTI 默认授权给 DBA 且可转授
SOI	具有系统表的查询权限
SVI	具有基础 V 视图的查询权限
DB_AUDIT_ADMIN	数据库审计的最高权限集合,可以对数据库进行各种审计操作,并创建新的审计用户
DB_AUDIT_OPER	可以对数据库进行各种审计操作,但不能创建新的审计用户
DB_AUDIT_PUBLIC	不能进行审计设置,但可以查询审计相关字典表
DB_AUDIT_VTI	具有系统动态视图的查询权限,DB_AUDIT_VTI 默认授权给 DB_AUDIT_ADMIN 且可转授
DB_AUDIT_SOI	具有系统表的查询权限
DB_AUDIT_SVI	具有基础 V 视图和审计 V 视图的查询权限
DB_POLICY_ADMIN	数据库强制访问控制的最高权限集合,可以对数据库进行强制访问控制管理,并创建新的安全管理用户
DB_POLICY_OPER	可以对数据库进行强制访问控制管理,但不能创建新的安全管理用户
DB_POLICY_PUBLIC	不能进行强制访问控制管理,但可以查询强制访问控制相关字典表
DB_POLICY_VTI	具有系统动态视图的查询权限,DB_POLICY_VTI 默认授权给 DB_POLICY_ADMIN 且可转授
DB_POLICY_SOI	具有系统表的查询权限
DB_POLICY_SVI	具有基础 V 视图和安全 V 视图的查询权限

我们可以认为"三权分立"安全机制将用户分为了三种类型,每种类型又各对应五种预定义角色。如:

(1)DBA 对应 DBA、RESOURCE、PUBLIC、VTI、SOI、SVI 预定义角色;

(2)AUDITOR 对应 DB_ADUTI_ADMIN、DB_AUDIT_OPER、DB_AUDIT_PUB-LIC、DB_AUDIT_VTI、DB_AUDIT_SOI、DB_AUDIT_SVI 预定义角色;

(3)SSO 对应 DB_POLICY_ADMIN、DB_POLICY_OPER、DB_POLICY_PUBLIC、DB_POLICY_VTI、DB_POLICY_SOI、DB_POLICY_SVI 预定义角色。

1.创建角色

具有"CREATE ROLE"数据库权限的用户也可以创建新的角色,其语法如下:

CREATE ROLE <角色名>;

例如,创建角色 BOOKSHOP_ROLE1,赋予其 PERSON. ADDRESS 表的 SELECT 权限。

CREATE ROLE BOOKSHOP_ROLE1;
GRANT SELECT ON PERSON. ADDRESS TO BOOKSHOP_ROLE1;

2.删除角色

具有"DROP ROLE"权限的用户可以删除角色,其语法如下:

DROP ROLE [IF EXISTS] <角色名>;

9.2.5 自主存取控制方法:权限的分配与回收

可以通过 GRANT 语句将权限(包括数据库权限、对象权限以及角色权限)分配给用户和角色,之后也可以使用 REVOKE 语句将授出的权限再进行回收。

1.数据库权限的分配与回收

数据库权限的授权语句语法为:

GRANT <特权> TO <用户或角色>{,<用户或角色>} [WITH ADMIN OPTION];
其中:

<特权> ::= <数据库权限>{,<数据库权限>}
<用户或角色>::= <用户名> | <角色名>

例如,系统管理员 SYSDBA 把建表和建视图的权限授给用户 BOOKSHOP_USER1,并允许其转授:

GRANT CREATE TABLE, CREATE VIEW TO BOOKSHOP_USER1 WITH ADMIN OPTION;

回收数据库权限的语句语法为:

REVOKE [ADMIN OPTION FOR]<特权> FROM <用户或角色>{,<用户或角色>};
其中:

<特权> ::= <数据库权限>{,<数据库权限>}
<用户或角色>::= <用户名> | <角色名>

例如,SYSDBA 把用户 BOOKSHOP_USER1 的建表权限收回:

REVOKE CREATE TABLE FROM BOOKSHOP_USER1;

2. 对象权限的分配与回收

对象权限的授权语句语法为：

GRANT <特权> ON [<对象类型>]<对象> TO <用户或角色>{,<用户或角色>}
[WITH GRANT OPTION];

其中：

<特权>::= ALL [PRIVILEGES] | <动作>{,<动作>}

<动作>::= <对象权限>

<列清单>::= <列名>{,<列名>}

<对象类型>::= TABLE | VIEW | PROCEDURE | PACKAGE | CLASS | TYPE |
SEQUENCE | DIRECTORY | DOMAIN

<对象> ::= [<模式名>.]<对象名>

<对象名> ::= <表名> | <视图名> | <存储过程/函数名> | <包名> | <类名> |
<类型名> | <序列名> | <目录名> | <域名>

<用户或角色>::= <用户名> | <角色名>

例如，SYSDBA 把 PERSON. ADDRESS 表的全部权限授给用户 BOOKSHOP_US-
ER1：

GRANT SELECT, INSERT, DELETE, UPDATE, REFERENCES ON PERSON. AD-
DRESS TO BOOKSHOP_USER1；

对象权限的回收语句语法为：

REVOKE [GRANT OPTION FOR] <特权> ON [<对象类型>]<对象> FROM <用
户或角色>{,<用户或角色>}[<回收选项>]；

其中：

<特权>::= ALL [PRIVILEGES] | <动作>{,<动作>}

<动作>::= <对象权限>

<对象类型>::= TABLE | VIEW | PROCEDURE | PACKAGE | CLASS | TYPE |
SEQUENCE | DIRECTORY | DOMAIN

<对象> ::= [<模式名>.]<对象名>

<对象名> ::= <表名> | <视图名> | <存储过程/函数名> | <包名> | <类名> |
<类型名> | <序列名> | <目录名> | <域名>

<用户或角色>::= <用户名> | <角色名>

<回收选项> ::= RESTRICT | CASCADE

例如，SYSDBA 从用户 BOOKSHOP_USER1 处回收其授出的 PERSON. ADDRESS
表的全部权限：

REVOKE ALL PRIVILEGES ON BOOKSHOP_T1 FROM BOOKSHOP_USER1 CAS-
CADE；

9.2.6 强制存取控制方法

自主存取控制(Discretionary Access Control,DAC)能够通过授权机制有效地控制对敏感数据的存取。但是由于用户对数据的存取权限是"自主"的,用户可以自由地决定将数据的存取权限授予何人,以及决定是否也将"授权"的权限授予别人。在这种授权机制下,仍可能存在数据的"无意泄露"。比如,甲将自己权限范围内的某些数据存取权限授权给乙,甲的意图是仅允许乙本人操纵这些数据。但甲的这种安全性要求并不能得到保证,因为乙一旦获得了对数据的权限,就可以将数据备份,获得自身权限内的副本,并在不征得甲同意的前提下传播副本。造成这一问题的根本原因就在于,这种机制仅仅通过对数据的存取权限来进行安全控制,而数据本身并无安全性标记。要解决这一问题,就需要对系统控制下的所有主客体实施强制存取控制策略。

在强制存取控制(Mandatory Access Control,MAC)中,数据库管理系统所管理的全部实体被分为主体和客体两大类。

主体是系统中的活动实体,既包括数据库管理系统所管理的实际用户,也包括代表用户的各进程。客体是系统中的被动实体,是受主体操纵的,包括文件、基本表、索引、视图等。对于主体和客体,数据库管理系统为它们每个实例(值)指派一个敏感度标记(label)。

敏感度标记被分成若干级别,例如绝密(Top Secret,TS)、机密(Secret,S)、可信 (Confidential,C)、公开(Public,P)等。密级的次序是 TS >= S >= C >= P。主体的敏感度标记称为许可证级别(clearance level),客体的敏感度标记称为密级(classification level)。

强制访问控制根据客体的敏感标记和主体的访问标记对客体访问实行限制。在强制访问控制中,系统给主体和客体都分配一个特殊的安全标记,主体的安全标记反映了该主体可信的程度,客体的安全标记则与其包含信息的敏感度一致,且主体不能改变他自己及任何其他客体的安全标记,主体是否可以对客体执行特定的操作取决于主体和客体的安全标记之间的支配关系。因此,强制访问控制可以控制系统中信息流动的轨迹,能有效地抵抗特洛伊木马的攻击,这在一些对安全要求很高的数据库应用中是非常必要的。

当某一用户(或某一主体)以标记 label 注册入系统时,系统要求他对任何客体的存取必须遵循如下规则:

(1)仅当主体的许可证级别大于或等于客体的密级时,该主体才能读取相应的客体。

(2)仅当主体的许可证级别小于或等于客体的密级时,该主体才能写相应的客体。

规则(1)的意义是明显的,而规则(2)需要解释一下。按照规则(2),用户可以为写入的数据对象赋予高于自己的许可证级别的密级。这样一旦数据被写入,该用户自己也不能再读该数据对象了。如果违反了规则(2),就有可能把数据的密级从高流向低,造成数据的泄漏。例如,某个 TS 密级的主体把一个密级为 TS 的数据恶意地降低为 P 密级,然后把它写回。这样原来是 TS 密级的数据大家都可以读到了。强制存取控制是对数据本身进行密级标记,无论数据如何复制,标记与数据是一个不可分的整体,只有符合密级标记要求的用户才可以操作数据,从而提供了更高级别的安全性。前面已经提到,较高安全性级别提供的安全保护要包含较低级别的所有保护,因此在实现强制存取控制时要首先实现自主存取控制,即自主存取控制与强制存取控制共同构成数据库管理系统的安全机制,如图 9.3 所示。系统首先进行自主存取控制检查,通过自主存取控制检查的允许存取的数据库对象再由系统自动进行强制存取控制检查,只有通过强制存取控制检查的数据库对象方可存取。

图 9.3　DAC+MAC 安全机制示意图

9.3　视图机制

　　视图是作用于基础关系的一个或多个关系运算的动态结果,即视图就是这些关系运算的结果关系。视图是一个虚(virtual)关系,在数据库中并不实际存在,它根据某个用户的请求并在请求那一刻才计算产生。

　　通过视图机制可向某些用户隐藏数据库的一部分信息,因而它是一种强大而灵活的安全机制。用户不会知道未在视图中出现的任何属性或行是否存在。视图可以定义在多个关系上,用户被授予适当的权限以后就可以使用视图,具有对视图使用权限的用户只能访问该视图而不能访问视图所依赖的基础关系。这样一来,使用视图就比简单地将基础关系的使用权限授予用户更具有限制性,从而更加安全。

　　视图机制间接地实现支持存取谓词的用户权限定义。例如,在某大学中,假定王平老师只能检索计算机系学生的信息,系主任张明具有检索和增、删、改计算机系学生信息的所有权限。这就要求系统能支持"存取谓词"的用户权限定义。在不直接支持存取谓词的系统中,可以先建立计算机系学生的视图 CS_Student,然后在视图上进一步定义存取权限。

　　例如,建立计算机系学生的视图,把对该视图的 SELECT 权限授予王平,把该视图上的所有操作权限授予张明。

```
CREATE VIEW CS_Student              /*先建立视图 CS_Student*/
AS
SELECT  *
FROM Student
WHERE Sdept='CS';

GRANT SELECT              /*王平老师只能检索计算机系学生的信息*/
ON CS_Student
TO 王平;
```

GRANT ALL PRIVILEGES   /＊系主任具有检索和增、删、改计算机系学生信息的所有权限＊/
ON CS Student
TO 张明；

9.4 审 计

用户身份鉴别、存取控制是数据库安全保护的重要技术(安全策略方面)，但不是全部。为了使数据库管理系统达到一定的安全级别，还需要在其他方面提供相应的支持。按照TDI/TCSEC标准中安全策略的要求，审计(audit)功能就是数据库管理系统达到 C2 以上安全级别必不可少的一项指标。

因为任何系统的安全保护措施都不是完美无缺的，蓄意盗窃、破坏数据的人总是想方设法打破控制。审计功能把用户对数据库的所有操作自动记录下来放入审计日志(audit log)中。审计员可以利用审计日志监控数据库中的各种行为，重现导致数据库现有状况的一系列事件，找出非法存取数据的人、时间和内容等。还可以通过对审计日志的分析，对潜在的威胁提前采取措施加以防范。

审计通常是很费时间和空间的，所以数据库管理系统往往都将审计设置为可选特征，允许数据库管理员根据具体应用对安全性的要求灵活地打开或关闭审计功能。审计功能主要用于安全性要求较高的部门。

可审计事件有服务器事件、系统权限、语句事件及模式对象事件，还包括用户鉴别、自主访问控制和强制访问控制事件。换句话说，审计功能能对普通和特权用户行为、各种表操作、身份鉴别、自主和强制访问控制等操作进行审计，而且既能审计成功操作，也能审计失败操作。

1. 审计事件

审计事件一般有多个类别，例如：

(1)服务器事件：审计数据库服务器发生的事件，包含数据库服务器的启动、停止、数据库服务器配置文件的重新加载。

(2)系统权限：对系统拥有的结构或模式对象进行操作的审计，要求该操作的权限是通过系统权限获得的。

(3)语句事件：对 SQL 语句，如 DDL、DML、DQL 及 DCL 语句的审计。

(4)模式对象事件：对特定模式对象上进行的 SELECT 或 DML 操作的审计。模式对象包括表、视图、存储过程、函数等。模式对象不包括依附于表的索引、约束、触发器、分区表等。

2. 审计功能

审计功能主要包括以下几方面内容：

(1)基本功能，提供多种审计查阅方式，如基本的、可选的、有限的等等。

(2)提供多套审计规则，审计规则一般在数据库初始化时设定，以方便审计员管理。

（3）提供审计分析和报表功能。

（4）审计日志管理功能，包括：为防止审计员误删审计记录，审计日志必须先转储后删除；对转储的审计记录文件提供完整性和保密性保护；只允许审计员查阅和转储审计记录，不允许任何用户新增和修改审计记录；等等。

（5）系统提供查询审计设置及审计记录信息的专门视图。对于系统权限级别、语句级别及模式对象级别的审计记录也可通过相关的系统表直接查看。

3. AUDIT 语句和 NOAUDIT 语句

AUDIT 语句用来设置审计功能，NOAUDIT 语句则取消审计功能。

审计一般可以分为用户级审计和系统级审计。用户级审计是任何用户可设置的审计，主要是用户针对自己创建的数据库表或视图进行审计，记录所有用户对这些表或视图的一切成功和（或）不成功的访问要求以及各种类型的 SQL 操作。

系统级审计只能由数据库管理员设置，用以监测成功或失败的登录要求、监测授权和收回操作以及其他数据库级权限下的操作。

【例 9.1】　对修改 SC 表结构或修改 SC 表数据的操作进行审计。

```
AUDIT ALTER, UPDATE
ON SC;
```

【例 9.2】　取消对 SC 表的一切审计。

```
NOAUDIT ALTER, UPDATE
ON SC;
```

审计设置以及审计日志一般都存储在数据字典中。必须把审计开关打开（即把系统参数 audit_trail 设为 true），才可以在系统表 SYS_AUDITTRAIL 中查看到审计信息。

数据库安全审计系统提供了一种事后检查的安全机制。安全审计机制将特定用户或者特定对象相关的操作记录到系统审计日志中，作为后续对操作的查询分析和追踪的依据。通过审计机制，可以约束用户可能的恶意操作。

9.5　数据加密

对于高度敏感性数据，例如财务数据、军事数据、国家机密数据等，除前面介绍的安全性措施外，还可以采用数据加密技术。数据加密是防止数据库数据在存储和传输中失密的有效手段。加密的基本思想是根据一定的算法将原始数据——明文（plain text）变换为不可直接识别的格式——密文（cipher text），从而使得不知道解密算法的人无法获知数据的内容。

数据加密主要包括存储加密和传输加密。

1. 存储加密

存储加密，一般有透明和非透明两种存储加密方式。透明存储加密是内核级加密保护方式，对用户完全透明；非透明存储加密则是通过多个加密函数实现的。

透明存储加密是数据在写到磁盘时对数据进行加密,授权用户读取数据时再对其进行解密。由于数据加密对用户透明,数据库的应用程序不需要做任何修改,只需在创建表语句中说明需加密的字段即可。当对加密数据进行增、删、改、查询操作时,数据库管理系统将自动对数据进行加、解密。基于数据库内核的数据存储加密、解密方法性能较好,安全完备性较高。

2. 传输加密

在客户/服务器结构中,数据库用户与服务器之间若采用明文方式传输数据,容易被网络恶意用户截获或篡改,存在安全隐患。因此,为保证二者之间的安全数据交换,数据库管理系统提供了传输加密功能。

常用的传输加密方式有链路加密和端到端加密。其中,链路加密对传输数据在链路层进行加密,它的传输信息由报头和报文两部分组成,前者是路由选择信息,而后者是传送的数据信息。这种方式对报文和报头均加密。相对地,端到端加密对传输数据在发送端加密,接收端解密。它只加密报文,不加密报头。与链路加密相比,它只在发送端和接收端需要密码设备,而中间节点不需要密码设备,因此它所需密码设备数量相对较少。但这种方式不加密报头,从而容易被非法监听者发现并从中获取敏感信息。

(1)确认通信双方端点的可靠性。数据库管理系统采用基于数字证书的服务器和客户端认证方式实现通信双方的可靠性确认。用户和服务器各自持有由知名数字证书认证(Certificate Authority,CA)中心或企业内建 CA 颁发的数字证书,双方在进行通信时均首先向对方提供己方证书,然后使用本地的 CA 信任列表和证书撤销列表(Certificate Revocation List,CRL)对接收到的对方证书进行验证,以确保证书的合法性和有效性,进而保证对方确系通信的目的端。

(2)协商加密算法和密钥。确认双方端点的可靠性后,通信双方协商本次会话的加密算法与密钥。在这个过程中,通信双方利用公钥基础设施(Public Key Infrastructure,PKI)方式保证了服务器和客户端的协商过程通信的安全可靠。

(3)可信数据传输。在加密算法和密钥协商完成后,通信双方开始进行业务数据交换。与普通通信路径不同的是,这些业务数据在被发送之前将被用某一组特定的密钥进行加密和消息摘要计算,以密文形式在网络上传输。当业务数据被接收的时候,需用相同一组特定的密钥进行解密和摘要计算。所谓特定的密钥,是由先前通信双方磋商决定的,为且仅为双方共享,通常称之为会话密钥。第三方即使窃取传输密文,因无会话密钥也无法识别密文信息。一旦第三方对密文进行任何篡改,均将会被真实的接收方通过摘要算法识破。另外,会话密钥的生命周期仅限于本次通信,理论上每次通信所采用的会话密钥将不同,因此避免了使用固定密钥而引起的密钥存储类问题。

数据库加密使用已有的密码技术和算法对数据库中存储的数据和传输的数据进行保护。加密后数据的安全性能够进一步提高。即使攻击者获取数据源文件,也很难获取原始数据。但是,数据库加密增加了查询处理的复杂性,查询效率会受到影响。加密数据的密钥的管理和数据加密对应用程序的影响也是数据加密过程中需要考虑的问题。

习　　题

1.什么是数据库的安全性？

2.试述实现数据库安全性控制的常用方法和技术。

3.什么是数据库中的自助存取控制方法和强制存取控制方法？

4.对下列两个关系模式：

学生(学号,姓名,年龄,性别,家庭住址,班级号)

班级(班级号,班级名,班长)

使用 GRANT 语句完成下列授权功能：

(1)授予用户 U1 对两个表的所有权限,并可给其他用户授权。

(2)授予用户 U2 对学生表具有查看权限,对家庭住址具有更新权限。

(3)将班级表查看权限授予所有用户。

(4)将学生表的查询、更新权限授予角色 R1。

(5)将角色 R1 授予用户 U1,并且 U1 可继续授权给其他角色。

第10章　数据库恢复技术

计算机系统与其他任何复杂设备一样易发生故障。一旦发生任何故障,就可能会导致系统数据丢失。因此,数据库系统必须具备相关容错机制,以确保即使发生故障,也可以保持数据的完整性。恢复机制(recovery scheme)是数据库系统用于应对故障必不可少的组成部分,通过它可将数据库恢复到故障发生前的一致状态。同时,恢复机制可以缩短数据库崩溃后不能使用的时间,以提高系统可用性。

10.1　事务的特性

数据库事务是构成单一逻辑工作单元的操作集合,用户通过执行事务来完成业务应用相关的各项操作,只要数据库系统能够保证每个事务都能被正确执行,那么就能保证数据库中数据的完整性。如何才能认为事务被正确执行了呢? 只要被执行的事务满足以下四项特性即可。

1. 原子性(Atomicity)

一个原子事务要么完整执行,要么干脆不执行。这意味着,工作单元中的每项任务都必须正确执行。如果有任一任务执行失败,那么整个工作单元或事务就会被终止,即此前对数据所作的任何修改都将被撤销。如果所有任务都被成功执行,事务就会被提交,即对数据所作的修改将会是永久性的。

2. 一致性(Consistency)

一致性代表了底层数据存储的完整性。它必须由事务系统和应用开发人员共同来保证。事务系统通过保证事务的原子性、隔离性和持久性来满足这一要求;应用开发人员则需要保证数据库有适当的约束(主键、引用完整性等),并且工作单元中所实现的业务逻辑不会导致数据的不一致(即数据预期所表达的现实业务情况不相一致)。例如,在一次转账过程中,从某一账户中扣除的金额必须与另一账户中存入的金额相等。

3. 隔离性(Isolation)

隔离性意味着事务必须在不干扰其他进程或事务的前提下独立执行。换言之,在事务或工作单元执行完毕之前,其所访问的数据不能受系统其他部分的影响。

当我们编写了一条 update 语句,提交到数据库的一刹那间,有可能别人也提交了一条 delete 语句到数据库中。两条语句可能对同一条记录进行操作,可以想象,如果不稍加控制,就会出现冲突。因此,必须保证数据库操作之间是"隔离"的(线程之间有时也要做到隔离),彼此之间没有任何干扰。

4. 持久性(Durability)

持久性表示在某个事务的执行过程中,对数据所作的所有改动都必须在事务成功结束前保存至某种物理存储设备。这样可以保证所作的修改在遇到任何系统故障时不至于丢失。在我们执行一条 insert 语句后,数据库必须要保证有一条数据永久地存放在磁盘中。

10.2 数据库恢复实现技术

我们利用数据库管理系统主要是解决如下两个问题:

(1)必须保证多个事务的交叉运行不影响这些事务的原子性;

(2)必须保证被强行终止的事务对数据库和其他事务没有任何影响。

解决这两个问题就是数据库管理系统的恢复机制和并发控制机制的责任。而把数据库从错误状态恢复到某一已知的正确状态(亦称为一致状态或完整状态),就称为数据库恢复。

10.2.1 故障的分类

数据库发生的故障一般分为如下三类。

1. 事务内部故障

事务内部故障一般是指非预期的,不能由应用程序处理的故障:一个事务中,两个更新操作要么全部完成要么全部不做,否则就会使数据库处于不一致状态,例如在转账事务中,只把账户甲的余额减少了而没有把账户乙的余额增加。在这段程序中若产生账户甲余额不足的情况,应用程序可以发现并让事务滚回,撤销已作的修改,恢复数据库到正确状态。

事务内部故障常见的原因主要有以下几种:

(1)运算溢出。

(2)并发事务发生死锁而被选中撤销该事务。

(3)违反了某些完整性限制等。

2. 系统故障(软故障)

系统故障指造成系统停止运转的任何事件,使得系统需要重新启动。

系统故障常见的原因主要有以下几种:

(1)特定类型的硬件错误(如 CPU 故障)。

(2)操作系统故障。

(3)DBMS 代码错误。

(4)系统断电。

3. 介质故障(硬故障,指外存故障)

介质故障常见的原因主要有以下几种:

（1）磁盘损坏。

（2）磁头碰撞。

（3）操作系统的某种潜在错误。

（4）瞬时强磁场干扰。

10.2.2　恢复的实现技术

要使得数据库能够从故障中恢复，基本原理在于合理地使用冗余。简要来说就是利用存储在系统其他地方的冗余数据来重建数据库中已被破坏或者不正确的那部分数据。

建立冗余数据的具体方法主要有数据转储、登记日志文件等。

1. 数据转储

转储是指数据库管理员将整个数据库复制到磁带或另一个磁盘上保存起来的过程，备用的数据成为后备副本或后援副本。数据库遭到破坏后可以将后备副本重新装入，当然，重装后备副本只能将数据库恢复到转储时的状态。

进行数据转储主要有以下几种方法。

（1）静态转储。静态转储需要遵循以下的原则：

1）系统中无运行事务时进行转储操作。

2）转储期间不允许对数据库进行操作。

3）转储开始时数据库处于一致性状态。

优点：通过静态转储得到的一定是一个数据一致性的副本，且实现过程简单。

缺点：

1）降低了数据库的可用性。

2）转储必须等待正运行的用户事务结束。

3）新的事务必须等转储结束。

（2）动态转储。动态转储相比静态转储，转储操作可以与用户并发进行，且转储期间允许对数据库进行存取或修改。

优点：

1）不用等待正在进行的事务结束。

2）转储期间允许对数据库进行存取或修改。

缺点：不能保证副本中的数据正确有效。

因此动态转储进行故障恢复，需要把动态转储期间各事务对数据库的修改活动登记下来，建立日志文件，后备副本加上日志文件才能把数据库恢复到某一时刻的正确状态。

根据每次转储的数据对象规模，我们又能把转储方式进行如下的划分：

（1）海量转储。海量转储的特点是每次转储全部数据库。

（2）增量转储。增量转储只转储上次转储更新过的数据。

海量转储与增量转储的比较：

1）从恢复角度看，使用海量转储得到的后备副本进行恢复往往更方便。

2）若数据库很大，事务处理又十分频繁，则增量转储更有效。

2.登记日志文件

所谓日志文件,是指记录事务对数据库的更新操作文件。

日志文件主要存在如下两种格式:

(1)以记录为单位的日志文件(事务标识、操作类型、操作对象、更新前数据的旧值、更新后数据的新值)。

(2)以数据表为单位的日志文件(事务标识、被更新的数据块)。

上述日志文件中主要包含三项内容:

(1)各个事务的开始标记。

(2)各个事务的结束标记。

(3)各个事务所有的更新操作。

通过日志文件,数据库管理系统不仅可以进行事务故障恢复,还可以进行系统故障恢复,此外后备副本进行介质故障恢复也需要日志文件的辅助。

进行日志文件的登记时,一定要注意登记的次序,需要严格按并行事务执行的时间次序,且必须先写日志文件,再写数据库。

10.3　恢复策略

10.3.1　事务故障的恢复

事务运行至正常终止点前被终止,就是发生了事务故障。对于事务故障的恢复方法主要是由恢复子系统利用日志文件撤销(UNDO)此事务已对数据库进行的修改。

对于事务故障的恢复由系统自动完成,对用户是透明的,不需要用户干预。我们只需要了解其机理即可。

完成事务故障的恢复需要进行以下四个步骤:

(1)反向扫描文件日志(从后往前扫描),查找该事务的更新操作;

(2)对该事务的更新操作执行逆操作,即将日志记录中"更新前的值"写入数据库;

(3)继续反向扫描日志文件,查找该事务的其他更新操作,并做同样处理;

(4)如此处理下去,直至读到此事务的开始标记,事务故障恢复就完成了。

10.3.2　系统故障的恢复

在前面介绍故障类型时,除了事务故障外,还有系统故障。发生系统故障时,未完成事务对数据库的更新已写入数据库,或者已提交事务对数据库的更新还留在缓存区没来得及写入数据库。

对于系统故障,其恢复方法主要是,撤销故障发生时未完成的事务,并重做(REDO)已完成的事务。

同样,系统故障的恢复由系统在重新启动时自动完成,不需要用户干预。

系统故障的恢复步骤如下:

（1）正向扫描日志文件。①将在故障发生前已经提交的事务加入重做队列，这些事务既有 begin transaction 记录，也有 commit 记录；②将在故障发生时未完成的事务加入撤销队列，这些事务中只有 begin transaction 记录，无相应的 commit 记录。

（2）对撤销队列事务进行撤销处理。①反向扫描日志文件，对每个 UNDO 事务的更新操作进行逆操作；②将日志记录中"更新前的值"写入数据库。

（3）对重做队列事务进行重做处理。①正向扫描日志文件，对每个 REDO 事务重新执行登记的操作；②将日志记录中"更新后的值"写入数据库。

10.3.3　介质故障的恢复

对于发生磁盘损坏等引起的介质故障，它的恢复则需要数据库管理员介入。恢复步骤包括：

（1）重装数据库。

（2）重做已完成的事务。

10.4　数据库镜像

数据库镜像是 DBMS 对整个数据库或者数据库中关键数据在其他外部存储设备上的复制备份。

在数据库的运行过程中，DBMS 会根据指定的规则自动把整个数据库或其中的关键数据复制到另一个磁盘上，同时由 DBMS 自动保证镜像数据与主数据库的一致性，每当主数据库更新时，DBMS 自动把更新后的数据复制过去，如图 10.1 所示。

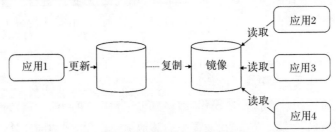

图 10.1　数据库镜像运行流程 1

出现介质故障时，可由镜像磁盘继续提供使用，同时 DBMS 自动利用镜像磁盘数据进行数据库的恢复，不需要关闭系统和重装数据库副本，具体运行流程如图 10.2 所示。

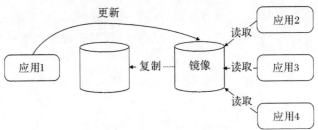

图 10.2　数据库镜像运行流程 2

而在没有出现故障时,数据库镜像可用于辅助并发操作,例如当一个用户对数据加排他锁修改数据时,其他用户则可以继续读镜像数据库上的数据,而不必等待该用户释放锁,这将有效提高数据库事务执行效率。

习　　题

1.是否所有的并发事务问题都需要被解决? 为什么?

2.请解释增量转储的优点与缺点。

3.请解释为什么逻辑 UNDO 日志广泛使用,而逻辑 REDO 日志(除了物理逻辑 redo 日志)很少使用。

第11章　并发控制技术

数据库是一个共享资源,可以供多个用户使用。比如飞机订票数据库系统、银行数据库系统、网上购物数据库系统等。这些系统需要高度的可用性,并且能够快速响应多个用户的请求。多个用户同时使用,也就是说要进行多事务执行。第一种多事务执行的方式是事务串行执行(serial access),即每个时刻只有一个事务运行,其他事务必须等到这个事务结束以后才能运行。这种执行方式控制起来非常简单,但事务在执行过程中需要不同的资源,有时需要 CPU,有时需要存取数据库,有时需要 I/O,有时需要通信。若事务串行执行,则许多系统资源将处于空闲状态。为了充分利用系统资源,发挥数据库共享资源的优势,应当采用另外一种多事务执行的方式,即事务并行执行(concurrent access)的方式,也就是说事务执行可以在时间上重叠。而事务并行执行,就会需要更加复杂的控制机制。当多个用户并发操作数据库时,它们相互之间可能产生不正确的结果,本章重点讨论并发控制技术。

11.1　并发控制概述

事务并发执行带来的问题:会产生多个事务同时存取同一数据的情况;可能会存取和存储不正确的数据,破坏事务的隔离性和数据库的一致性。并发控制机制的任务是对并发操作进行正确调度,以保证事务的隔离性和数据库的一致性。

11.1.1　单用户系统与多用户系统

对数据库系统进行分类的一个标准是:依据可以并发使用系统的用户数量。如果一次至多只能有一个用户使用数据库管理系统,就是单用户系统;如果多个用户可以并发使用数据库管理系统,从而可以并发地访问数据库,就是多用户系统。单用户系统通常限制于个人计算机系统,大多数的数据库应用系统都是多用户系统。例如,一个网上购物系统可以由多个卖家和买家并发使用。这些用户通常通过并发地给系统提交事务,来操作数据库。

多道程序设计允许计算机的操作系统同时执行多个程序或进程,使得多个用户可以同时使用计算机系统并访问数据库。单个 CPU 系统中,同一时间只能有一个事务占用 CPU,各个事务交叉地使用 CPU,这种并发方式称为交叉并发(Interleaved Concurrency)。如图11.1 所示,两个事务 A 和 B,它们以一种交替的方式并发执行。当一个事务需要输入输出(I/O)操作时,CPU 可以用于处理另外的事务,交替执行可以防止某个事务的执行长时间占用某一种系统资源,而延迟其他事务的执行。

如果计算机系统具有多个 CPU,就可以真正并行处理多个事务,也就是允许多个事务同时占有 CPU,这种并发方式称为同时并发(Simultaneous Concurrency)。

关于数据库中并发控制的大多数理论都是依据交替并发性开发的,因此本章以此为基础进行讨论。

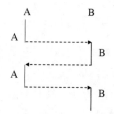

图 11-1　事务的交叉并发访问

11.1.2　事务的读写操作

事务包括一个或多个数据库的访问操作,可以是插入、删除、修改或查询操作。如果事务中的数据库操作不会更新数据,而只是查询数据,那么这种事务称为只读事务;否则,称为读写事务。

数据库实质上表示为一个命名数据项的集合。数据项的大小称为它的粒度。数据项可以是一条数据库记录,也可以是较大的单元,比如整个磁盘块,或者是较小的单元,比如数据库中某条记录的单个字段(属性)值。如果数据项粒度是一个磁盘块,那么可以把磁盘块地址用作数据项名称;如果数据项粒度是单独一条记录,那么记录 ID 就可以是数据项名称。事务可以包括的基本数据库操作如下:

(1)read(X):将一个名为 X 的数据库项读入一个程序变量中。

(2)write(X):将程序变量 X 的值写入名为 X 的数据库项中。

从磁盘到主存的数据传输基本单元是一个磁盘页或者磁盘块。执行 read(X)命令包括以下步骤:

(1)查找包含数据项 X 的磁盘块的地址;

(2)将该磁盘块复制到主存中的缓冲区中,缓冲区的大小与磁盘块大小相同;

(3)将数据项 X 从缓冲区复制到名为 X 的程序变量中。

执行 write(X)命令包括以下步骤:

(1)查找包含数据项 X 的磁盘块地址;

(2)将该磁盘块复制到主存中的缓冲区;

(3)将数据项 X 从名为 X 的程序变量复制到它在缓冲区中的正确位置;

(4)将更新过的磁盘块从缓冲区存储回磁盘中。

11.1.3　并发引起的问题

当多个用户并发取数据库时就会产生多个事务同时存取同一数据项的情况。若对并发操作不加控制就可能会存取和存储不正确的数据,破坏事务隔离性和数据库的一致性,所以数据库管理系统必须提供并发控制机制。并发控制机制是衡量一个数据库管理系统性能的重要标志之一。并发控制机制的主要任务就是对并发操作进行正确调度,以此来保证事务的隔离性和数据库的一致性。下面来了解一下并发控制可能会带来哪些数据不一致的问题。

用户并发访问数据库可能带来的数据不一致问题可以分为以下三种情况：①丢失修改（Lost Update）。②不可重复读（Non - repeatable Read）。③读"脏"数据（Dirty Read）。

1. 丢失修改

两个事务 T_1 和 T_2 读入同一数据并修改，T_2 的提交结果破坏了 T_1 提交的结果，导致 T_1 的修改被丢失。图 11.2 所示为事务 T_1 和 T_2 并发执行的情况。两者均对数据项 x 进行更新，即先读、后改、再写。如 x 的初值为 10，按照图 11.2 的次序执行，数据库中 x 终值将为 12，事务 T_1 对 x 的更新将丢失，这与 T_1、T_2 串行执行的结果不一样了。该问题中，T_1 和 T_2 都是写事务，这称为写-写冲突（Write-Write Conflict）。也就是说丢失修改发生在两个写事务之间，它们要共同修改同一个数据。

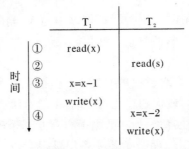

图 11.2 丢失修改

2. 读"脏"数据

事务 T_1 修改某一数据，并将其写回磁盘；事务 T_2 读取同一数据后，T_1 由于某种原因被撤销；这时 T_1 已修改过的数据恢复原值，T_2 读到的数据就与数据库中的数据不一致；T_2 读到的数据就为"脏"数据，即不正确的数据。如图 11.3 所示。设事务 T_1 要更新某学生某课程成绩值 x，事务 T_2 要读取成绩值 x。假设事务 T_1 和事务 T_2 并发执行，T_1 先更新了 x 的数值，而 T_2 又读取了 x 的数值，后来事务 T_1 回滚，x 恢复到最初的值，T_2 读到的是一个不存在的成绩值，即为"脏"数据。读"脏"数据是由一个读事务读取另一个更新事务尚未提交的数据所引起的，这称为读-写冲突（Read-Write Conflict）。

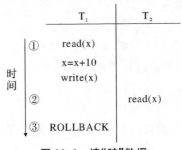

图 11.3 读"脏"数据

3. 不可重复读

事务 T_1 读取数据后，事务 T_2 执行更新操作，使 T_1 无法再现前一次读取结果。这一类数据不一致发生在一个读事务和一个更新事务之间,它们要读和更新的是同一数据。由于更新包括修改、删除、插入操作,所以不可重复读就包括了三种情况(见图 11.4)。

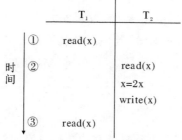

图 11.4　不可重复读

(1)事务 T_1 两次读 x,在两次读之间 T_1 并未修改 x,两次读到 x 的数值应当一样。但是同时事务 T_2 与 T_1 并发执行,在 T_1 两次读 x 之间,T_2 对 x 执行了修改操作,以致 T_1 两次读到的 x 值不同。在这里 T_1 是读事务,T_2 是修改事务,也就是这类情况发生在一个读事务和一个修改事务之间,一个是 SELECT 操作,一个是 UPDATE 操作,它们要读和修改的是同一个数据。

(2)事务 T_1 按一定条件从数据库中读取某些数据记录;事务 T_2 删除其中部分记录;当 T_1 再次按相同条件读取数据时,发现某些记录神秘地消失了。这种不可重复读的情况是发生在一个读事务、一个删除事务之间,一个是 SELECT 操作,一个是 DELETE 操作,它们要读和删除的是同一个数据库对象。

(3)事务 T_1 按一定条件从数据库中读取某些数据记录;事务 T_2 插入一些记录;当 T_1 再次按相同条件读取数据时,发现多了一些记录。这种不可重复读的情况发生在一个读事务,一个插入事务之间,一个是 SELECT 操作,一个是 INSERT 操作,它们要读和插入的是同一个数据库对象。

第二种和第三种不可重复读的情况中,都是读事务读了两次数据,第二次读的时候少了一些行或者多了一些行,所以这两种不可重复读又被形象地称为幻影现象(Phantom Row)。

并发操作破坏了事务的隔离性,产生了数据不一致的问题。并发控制就是要用正确的方式调度并发操作,使一个用户事务的执行不受其他事务的干扰,从而避免造成数据的不一致性。

11.2　封　　锁

封锁就是事务 T 在对某个数据对象操作之前,先向系统发出请求,对其加锁。加锁后事务 T 就对该数据对象有了一定的控制,在事务 T 释放它的锁之前,其他的事务不能更新此数据对象。

11.2.1　锁的基本类型

一个事务对某个数据对象加锁后究竟拥有什么样的控制由封锁的类型决定。基本锁的类型分为排他锁和共享锁。

1. 排他锁

排他锁(Exclusive Locks,简记为 X 锁)又称为写锁。一个事务对某数据对象加 X 锁后,该事务可以读取和更新此数据对象,其他事务就不得再对这个数据对象加任何锁,直到数据对象上的 X 锁被释放为止。也就是说,这种锁是排他性的,X 锁之名就由此而来。

2. 共享锁

共享锁(Share Locks,简记为 S 锁)又称为读锁。一个事务对某数据对象加上 S 锁,则该事务只能读此数据对象,而其他事务只能对此数据对象加 S 锁,而不能加 X 锁,直到数据对象上的 S 锁被释放。

3. 锁的相容矩阵

排他锁与共享锁的控制方式可以用图 11.5 所示的相容矩阵来表示。其中,列表示其他事务对某数据对象已拥有锁的情况,NL 表示无锁(No Lock),X 表示已加 X 锁,S 表示已加 S 锁。行表示锁请求,X 表示申请 X 锁,S 表示申请 S 锁。若锁请求可以被批准,则在矩阵中为 Y;若锁请求不能被批准,则在矩阵中为 N,需要申请锁的事务等待其他事务释放其拥有的锁。

由于 S 锁只用于读操作,S 锁和 S 锁是相容的,即同一数据对象可以允许多个事务并发读,比 X 锁的并发度要高。

图 11.5　锁的相容矩阵

11.2.2　封锁协议

在运用 X 锁和 S 锁对数据对象加锁时,需要约定一些规则,这些规则称为封锁协议(Locking Protocol)。封锁协议中主要规定了何时申请 X 锁或 S 锁、封锁时间、何时释放锁。封锁协议在不同程度上保证并发操作的正确调度。

1. 一级封锁协议

一级封锁协议中规定,若事务 T 要修改数据 R,则必须先对 R 申请加 X 锁,申请成功后,即可对 R 进行读和修改操作,直到事务结束才释放在 R 上的 X 锁。这里的事务结束包括事务提交 COMMIT 和事务回滚 ROLLBACK。

丢失修改问题发生在两个写事务之间。使用一级封锁协议,若两个事务同时要修改数据对象,则必须都申请该数据对象上的 X 锁,若有一个事务拥有了在数据对象上的 X 锁,则另一个事务需要等待,直至该数据对象上的 X 锁被释放,才可以申请成功。因此,一级封锁协议可以防止丢失修改问题。

但是读"脏"数据和不可重复读发生在读事务和写事务之间。在一级封锁协议中,读数据对象是不需要申请锁的,因此一级封锁协议并不能解决读"脏"数据和不可重复读的问题。

2. 二级封锁协议

二级封锁协议中,首先要满足一级封锁协议,然后增加了事务 T 在读取数据 R 之前必须先对其加 S 锁,读完后即可释放 S 锁的规定。

对于读"脏"数据问题,二级封锁协议中,规定读数据之间必须要加 S 锁,当写事务拥有了对数据对象的 X 锁后,另一个读事务申请对数据对象的 S 锁是不可能成功的,因此可以避免读"脏"数据问题。

但因为在二级封锁协议中,读事务释放 S 锁的时机是读完马上释放,即为短锁,因此不可避免不可重复读问题。

3. 三级封锁协议

三级封锁协议是在二级封锁协议基础上,改变了读事务释放 S 锁的时机,直到事务结束才释放 S 锁。因此,在三级封锁协议中,对数据对象加的 S 锁变成了长锁,可以防止丢失修改、读"脏"数据和不可重复读。

11.3　死　　锁

一个事务若申请锁而未获准,则需要等待其他事务释放锁,这样就形成了事务间的等待关系。当事务中出现循环等待时,若不加干预,则会一直等待下去,这种现象叫作死锁 (Dead Lock)。如图 11.6 所示,事务 T_1 申请对数据项 D_1 加 X 锁,获得批准;事务 T_2 对数据项 D_2 申请加 X 锁,获得批准;事务 T_1 又申请对数据项 D_2 加锁,因为事务 T_2 已经获得了在数据项 D_2 上的 X 锁,T_1 需要等待;同时事务 T_2 申请对数据项 D_1 加锁,因为事务 T_1 已经获得了在数据项 D_1 上的 X 锁,T_2 需要等待。此时 T_1 等待 T_2,T_2 又等待 T_1,出现了死锁的现象。对待死锁的问题,有两种解决方法:一是检测死锁,发现死锁后进行处理;二是在死锁发生之前进行预防。

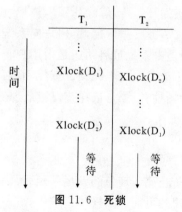

图 11.6　死锁

11.3.1　死锁的检测和处理

死锁应当尽可能早地发现,及时处理。死锁的检测方法一般有两种:

（1）超时法。如果一个事务的等待时间超过了规定的时限，就认为发生了死锁。这种死锁检测方法的优点是实现简单。但是死锁发生后需要等待一定时间才能被发现，而且系统如果因为其他原因(比如系统负担太重、通信延迟等)而使事务等待时间超过规定时限，可能误判死锁。若时限设定的太短，则这种误判的死锁会增多;若时限设定的太长，死锁发生后不能及时发现。

（2）等待图法。用事务等待图动态反映所有事务的等待情况。事务等待图是一个有向图 $G=(W, U)$，W 为结点的集合，每个结点表示正在运行的事务，U 为边的集合，每条边表示事务等待的情况。若 T_1 等待 T_2，则 T_1、T_2 之间画一条有向边，从 T_1 指向 T_2。并发控制子系统周期性地(比如每隔数秒)生成事务等待图，检测事务。若发现图中存在回路，则表示系统中出现了死锁。当运行的事务比较多时，维护等待图和检测回路的开销比较大。如果每个新的等待事务发生后，都要检测一次，虽然可以及时发现死锁，但开销太大，影响系统性能。比较合理的办法是周期性地进行死锁检测。等待图如图 11.7 所示。

(a)   (b)

11.7 等待图法

图 11.7(a)中，事务 T_1 等待 T_2，T_2 等待 T_1，产生了死锁;

图 11.7(b)中，事务 T_1 等待 T_2，T_2 等待 T_3，T_3 等待 T_4，T_4 又等待 T_1，产生了死锁;

图 11.7(b)中，事务 T_3 还等待 T_2，在大回路中又有小的回路。

发现死锁后，必须由数据库管理系统干预才能打破死锁。一般数据库管理系统对死锁做如下处理:

（1）在循环等待的事务中，选一个事务作为牺牲者，给其他事务"让路";

（2）回滚牺牲的事务，释放其获得的锁及其他资源;

（3）将释放的锁让给等待它的事务。

牺牲了一个事务，可以打破循环等待，解除死锁。被牺牲的事务可以有两种处理:一是发一个消息给有关用户，告诉其事务已被撤销，由用户向系统再次提交该事务;二是由数据库管理系统重启该事务。不管是由系统重启动还是由用户再次提交，被牺牲的事务都应当等待一段时间才能运行，否则可能再次发生死锁。选择牺牲的事务，一般有以下几种策略:一是选择最迟交付的事务作为牺牲者;二是选择获得锁最少的事务作为牺牲者;三是回滚代价最小的事务作为牺牲者。

11.3.2 死锁的预防

可以通过对死锁的预防，防止死锁现象的发生。预防死锁就是通过破坏产生死锁的必要条件，使系统不具备产生死锁的可能。在操作系统中，有一些避免死锁的方法，虽然从原理上可以用于数据库管理系统，但是实际应用中并不适合，存在很多问题。

第一种是一次封锁法，要求每个事务必须一次将所有要使用的数据全部加锁，否则就不能继续执行。这种方法的缺点有两个:首先，一次就将以后要用到的全部数据加锁，相比于随用随加锁,势必会扩大封锁的范围,尤其是对于长事务,很多封锁对象是在很长时间以后才访问,过早地封锁,会影响其他事务对这些对象的访问,必然会降低系统的并发度。其次,要求一次对使用的全部对象加锁,就要求事先对要使用的对象进行精确封锁,这是很困难的。因为数据库中的数据是不断变化的,原来不要求封锁的数据,在执行过程中可能会变成封锁对象,所以很难精确地确定每个事务要封锁的数据对象,为此只能扩大封锁范围,将事务在执行过程中可能要封锁的数据对象全部加锁,这就进一步降低了并发度。

第二种是顺序封锁法,预先对数据对象规定一个封锁顺序,所有事务都按这个顺序实行封锁。这种方法从维护成本角度考虑,数据库系统中封锁的数据对象极多,并且随数据的插入、删除等操作而不断变化,要维护这样的资源的封锁顺序非常困难,成本很高;从实现角度考虑,事务的封锁请求可以随着事务的执行而动态地决定,很难事先确定每一个事务要封锁哪些对象,因此也就很难按规定的顺序去施加封锁。因此,在操作系统中广为采用的预防死锁的策略并不太适合数据库的特点。

在数据库系统中,可采用一种预防死锁的方法,称为事务重执。当事务申请锁而未获准时,不是一味等待,而是让一些事务卷回重执,以避免循环等待。为了区别事务开始执行的先后,每个事务在开始执行时,赋予一个唯一的、随时间增长的整数,称为时间标记(Time Stamp,TS)。设有两个事务 T_A 和 T_B,如 $TS(T_A)>TS(T_B)$,则表示 T_A 早于 T_B,也就是说 T_A 比 T_B "年老",或者说 T_B 比 T_A "年轻"。具体有以下两种策略。

1. 等待-死亡(Wait-Die)策略

在等待-死亡策略中,设 T_B 持有某数据项的锁,当 T_A 申请同一数据项的锁而发生冲突时,可按如下规则进行处理:

```
if  TS(T_A)>TS(T_B)  then  T_A  waits;
else  {
        rollback  T_A;      /* die */
        restart  T_A  with  the  same  ts(T_A);
}
```

根据上述规则,总是"年老"的事务等待"年轻"的事务,因而不会循环等待,从而避免了死锁。T_A 重执应隔一段时间,以避免重复地被回滚。但是 T_A 不会永远重执下去,因为 T_A 重执时仍用原来的时间标记;随着时间的流逝,因"年轻"而遭回滚的 T_A 总会变成"年老"事务而等待。一个事务一旦获得它所需的所有锁而不再申请锁时,就不会再有回滚重执的危险。

2. 击伤-等待(Wound-Wait)策略

在击伤-等待策略中,设 T_B 持有某数据项的锁,当 T_A 申请同一数据项的锁而发生冲突时,可按如下规则进行处理:

```
if  TS(T_A)<TS(T_B)  then  T_A  waits;
else  {
        rollback  T_B;      /* die */
```

```
        restart  T_B  with  the  same  ts(T_B);
}
```

根据上述规则,"年轻"的事务总是等待"年老"的事务,因而不会出现死锁。设 T_B 已获得锁,若有一比它"年老"的事务因申请锁而发生冲突,则 T_B 会被回滚,好像 T_A 把 T_B 击伤似的。不过 T_B 被击伤后,重执时就处于申请地位,最多只会等待,不会再回滚。

习　　题

1.什么叫封锁?基本的封锁类型有哪些?

2.试述死锁是如何产生的,列举一些常见的预防死锁的方法。

3.简述数据库系统中经常用到检测和解除死锁的方法。

第 12 章　分布式数据库系统

分布式数据库系统(Distributed Database System,DDBS)包含了分布式数据库管理系统(DDBMS)和分布式数据库(DDB)。分布式数据库系统技术可以看作两种数据处理的方法,即数据库系统和计算机网络技术的结合。

分布式数据库系统兴起于 20 世纪 70 年代中期,推动其发展来自于两方面的原因:一方面是应用需求,DDBS 符合当今企业组织的管理思想和管理方式。尤其是那些地域上分散而管理上又相对集中的大集团、大机关、大企业,如全球及全国范围内的航空/铁路/旅游订票系统、银行通存通兑系统、水陆空联运系统、跨国公司管理系统、连锁配送管理系统以及全国性人力、财力、资源、环境管理机构和军事国防单位等。另一方面是硬件环境的发展。随着卫星通信、蜂窝通信、局域网、广域网和 Internet 的广泛应用,分布式数据库系统应运而生,并成为计算机技术最活跃的研究领域之一。

12.1　分布式数据库和分布式数据库系统

12.1.1　分布式数据库

比如一个全国范围的加工制造公司的分布系统:

每一地域的分公司保存自己公司的雇员信息;研发部门维护其研发项目信息;加工工厂保存工程信息并可访问研发场地的研发信息和仓库数据;总部保存每一地域的分公司的市场销售信息,并可访问加工工厂和仓库的账目数据。

分布式数据库结构能够反映当今企业组织的信息数据结构:本地数据保存在本地维护,而同时又可以在需要时存取异地数据。既要有各部门的局部控制和分散管理,同时也要有整个组织的全局控制和在高层次的协同管理。这种协同管理要求各部门之间的信息既能灵活交流和共享,又能统一管理和使用,所以提出了使用分布式数据库系统的要求。

人们越来越认识到集中式数据库的局限性,迫切需要把这些子部门的信息通过网络连接起来,组成一个分布式数据库,或重新建立一个既有各部门独立处理又适合全局范围应用的分布式数据库系统。

12.1.2　分布式数据库系统

分布式数据库系统指地理上分散而逻辑上集中的数据库系统,即通过计算机网络将地理上分散的各局域结点连接起来共同组成一个逻辑上统一的大数据库系统。

因此可以说:分布式数据库系统是计算机网络技术和数据库技术结合的产物。

1.基本概念

站点或场地:在分布式数据库系统中,被计算机网络连接的每个逻辑单位是能够独立工作的计算机,称为站点或场地,也称为结点。

局部用户:一个用户或者一个应用如果只访问其注册的那个站点上的数据,则称为局部用户或本地应用。

全局用户:一个用户或者一个应用如果访问两个或两个以上的站点中的数据,则称为全局用户或全局应用。

地理位置分散:指各站点分散在不同的地方,大可以到不同国家,小可以仅指同一建筑物中的不同位置。

逻辑上集中:指站点之间不是互不相关的,它们是一个逻辑整体,并由一个统一的数据库管理系统,即为分布式数据库管理系统进行管理。

2.分布式数据库系统的特点

(1)物理分布性:数据不是存放在一个站点上,而是分散存储在由计算机网络连接的多个站点上。数据的物理分布性是分布式数据库系统与集中式数据库系统的最大差别之一。

(2)逻辑整体性:分散的数据在逻辑上构成一个整体,它们被分布式数据库系统的所有用户(全局用户)共享,并由一个分布式数据库管理系统统一管理。该系统使得"分布"对用户来说是透明的,这是与分散式数据库系统的区别。

分布式数据库系统中有全局数据库(GDB)和局部数据库(LDB)之分。全局是从整个系统角度出发研究问题,全局数据库由全局数据库管理系统(GDBMS)进行管理。局部是从各个站点自己的角度出发研究问题,局部数据库由局部数据库管理系统(LDBMS)进行管理。

(3)站点自治性:也称场地自治性,各站点上的数据由本地的 DBMS 管理,具有自治处理能力,完成本站点的应用(局部应用),这是与多处理机系统的区别。

(4)数据分布透明性:指用户不必关心数据是如何被逻辑分片的(数据分片透明性),不必关心数据及其片段是否被复制及复制副本的个数(数据复制透明性),也不必关心数据及其片段的物理位置分布的细节(数据位置透明性),同时也不必关心局部场地上数据库支持哪种数据模型。

(5)集中与自治相结合的控制机制:指各局部 DBMS 可以独立地管理局部数据库,具有自治的功能。同时系统又设有集中控制机制,协调各局部 DBMS 的工作,执行全局控制管理功能。

(6)存在适当的数据冗余度:通过冗余数据提高了系统的可靠性、可用性,改善了系统的性能。当某个站点出现故障时,系统可以对另一个站点上的相同副本进行操作,因而不会因一处故障而造成整个系统的瘫痪。增加数据冗余度方便检索,提高系统的查询速度,但不利于数据的更新,会带来冗余副本之间数据不一致的问题,增加系统维护的成本。

(7)事务管理的分布性:一个全局事务的执行可分解为在若干个站点上子事务(局部事务)的执行。数据的分布性使得事务的原子性、一致性、可串行性、隔离性和永久性以及事务的恢复也都应考虑分布性。

分布式数据库系统中的数据物理分布在用计算机网络连接起来的各个站点上；每一个站点是一个集中式数据库系统，都有自治处理的能力，完成本站点的局部应用；每个站点上的数据并不是互不相关的，它们构成一个逻辑整体，统一在分布式数据库管理系统管理下，共同参与并完成全局应用，并且分布式数据库系统中的"分布"对用户来说是透明的，即"一个分布式系统应该看起来完全像一个非分布式系统"，如图 12.1 所示。

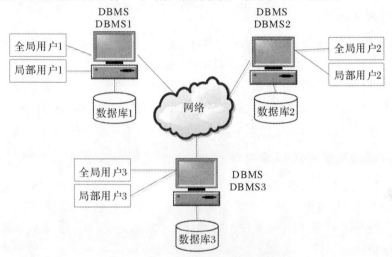

图 12.1　分布式数据库系统示意图

本地与远程结合的"接缝"是被隐蔽的，用户几乎完全感觉不到远程与本地结合的接缝的存在。

12.1.3　分布式数据库系统的发展

由于计算机平台环境的改变，卫星通信、蜂窝通信、局域网、广域网、Intranet/Internet等各种通信技术得到了飞速的发展，同时，随着信息系统应用需求的不断扩展和变化，地域上分散、集中管理企业变多。这些企业既要求实现本地数据管理，又要求存取异地的数据；既要有各部门的局部控制和分散管理，又要有整个组织的全局控制和高层次的协同管理等。

分布式数据库系统已经有 40 多年的发展历史，经历了一个从产生到发展的过程，取得了长足的进步，许多技术问题被提出并得到了解决。

1. 产生阶段

分布式数据库系统产生于 20 世纪 70 年代末期。

2. 成长阶段

20 世纪 80 年代，计算机功能增强，成本不断下降；同时，计算机网络技术的发展，降低了数据传输费用。不论是军事上还是民用上，分布式数据库技术研究都有着深刻的应用背景。

3. 商品化应用阶段

20世纪90年代，一些数据库厂商不断推出和改进自己的分布式数据库产品，以适应需要和扩大市场占有份额。一些商品化的数据库系统产品，如 Oracle、Ingres、Sybase、Informix、IBM DB2 等，大都提供了对分布式数据库的支持，尽管它们所提供的支持程度不一样。

4. 大规模应用阶段

进入21世纪以后，由于新应用领域的出现（如办公自动化系统、计算机辅助设计与制造系统（CAD/CAM）、计算机集成制造系统（CIMS）等），以及计算机相关学科与数据库技术的有机结合（如面向对象程序设计技术、多媒体技术、并行处理技术、人工智能技术等），促进了分布式数据库系统向面向对象分布式数据库系统、分布式智能库和知识库系统、数据仓库系统等广阔的领域发展。分布式全球网数据库在不久的将来会成为现实。

5. 分布式数据库系统的 **12** 条规则

1987年，关系数据库的最早设计者之一 C. J. Date 在 *Distributed Database: A Closer Look* 中提出了完全的、真正的分布式数据库管理系统应遵循的12条规则，这12条规则已被广泛接受，并作为分布式数据库系统的理想目标或标准定义。这12条规则具体如下：
- 本地自治性；
- 不依赖于中心节点；
- 可连续操作性；
- 位置独立性；
- 数据分片独立性；
- 数据复制独立性；
- 分布式查询处理；
- 分布式事务处理；
- 硬件独立性；
- 操作系统独立性；
- 网络独立性；
- 数据库管理系统独立性。

这12条规则既不是互相独立的，也不是同等重要的，完全实现难度很大。但是以这些规则为基础可以快速理解分布式技术，并规划一个特定的分布式系统的功能。这12条规则更有助于区分一个真正的、普遍意义上的分布式数据库系统与一个只能提供远程数据存取的系统。

12.1.4 分布式数据库系统的分类

1. 按局部 **DBMS** 的数据模型分类

（1）同构型 DDBS：若各个站点上的数据库的数据模型都是同一数据模型的（例如关系

型),则称该数据库系统是同构型 DDBS。

(2)同构同质型 DDBS:若各站点的数据库的数据模型都是同一类型的,且是同一种 DBMS(同一厂家产品),则是同构同质型 DDBS。

(3)同构异质型 DDBS:若各站点的数据库的数据模型都是同一类型的,但不是同一种 DBMS(例如 Sybase、Oracle 等),则是同构异质型 DDBS。

(4)异构型 DDBS:若各站点上数据库的数据模型的类型是各不相同的,则称该分布式数据库系统是异构 DDBS。

2. 按 DDBS 的全局控制类型分类

(1)全局控制集中型 DDBS:若全局控制机制和全局数据词典位于中心站点,由中心站点完成全局事务的协调和局部数据库转换等所有控制功能,则称该 DDBS 为全局控制集中型 DDBS。此类 DDBS 控制方式简单,有助于实现数据更新一致性。缺点是容易产生瓶颈问题,而且系统较脆弱,一旦中心站点失效,整个系统将崩溃。

(2)全局控制分散型 DDBS:若全局控制机制和全局数据词典分散在网络的各个站点上。而且每个站点都能完成全局事务的协调和局部数据库转换,每个站点既是全局事务的参与者又是协调者,则称该 DDBS 为全局控制分散型 DDBS。这种系统可用性好,站点独立自治性强,单个站点故障、进入或退出系统,都不会影响整个系统的运行;但全局控制机制的协调和保持信息的一致性较困难,需要有复杂的设施。

(3)全局控制可变型 DDBS:也称主从型 DDBS。分成两组站点:一组包含全局控制机制和全局控制词典,称为主站点组,每个站点都是主站点;另外一组不包含全局控制机制和全局数据字典,称为辅站点组。此类 DDBS 介于全局控制集中型 DDBS 和全局控制分散型 DDBS 之间。

12.2　分布式数据库管理系统体系架构

系统的体系架构定义了系统的结构,即系统由哪些部分组成,每个部分具备哪些功能,以及这些部分之间如何交互。通过系统的体系架构不但要给出不同模块,并且需要通过数据和控制流表明模块之间的界面和相互关系。

12.2.1　ANSI/SPARC 体系架构

1977 年,美国国家标准研究院(ANSI)提出了"ANSI/SPARC 体系架构"。图 12.2 给出了一个简化的 ANSI/SPARC 体系架构图。图中有三种数据视图:外部视图,即终端用户例如程序员所见到的视图;内部视图,即系统或机器所见的视图;概念视图,即企业所见视图。这些视图都需要恰当的模式定义。

这一体系架构的最底层是内模式,它主要处理数据的物理定义和组织。数据存放位置、存放的不同设备以及对数据操作所使用的各种机制等问题也都由这一层来完成。外部视图主要对接不同应用,即呈现给不同用户的各种数据,不同用户的视图代表该用户存取的那部分数据,以及用户看到的数据之间的关系。多个用户可以共享一个视图,这些不同用户的视图构成了一个外模式。概念模式处于内模式与外模式之间,它是数据库的抽象定义,是现实世界在数据库里的表示形式。它代表的是数据和数据之间的关系,没有考虑不同应用的需求,以及物理存储介质的限制,实际应用过程中由于性能的原因,没法做到完全忽略这些需求。这三级模式之间的变换通过映像来完成,这些映像也说明了如何从一级的定义获得另一级的定义。

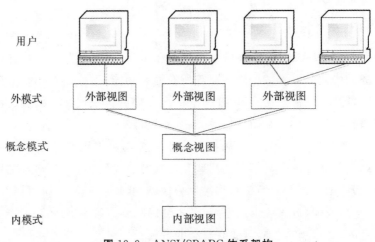

图 12.2 ANSI/SPARC 体系架构

也正是因为以上这三级模式两级映射,让我们获得了数据的独立性。外模式和概念模式的分离使我们获得了逻辑数据的独立性,而概念模式和内模式的分离使我们获得了物理数据的独立性。

12.2.2 分布式数据库管理系统模型的构造

构造分布式 DBMS 有多种方法,但都主要通过以下几个方面进行构建:本地系统的自治性(Autonomy)、系统的分布(Distribution)、系统的异构(Heterogeneity)。

1. 系统的自治性

自治性指的是对控制的分配,而不是数据的分配,就是指在多大程度上每个单独的DBMS 能够独立地运行。自治取决于很多因素,比如各个部件系统(即单独的 DBMS)是否交换信息,它们是否能够独立执行事务,以及是否允许对它们进行修改。自治系统可以从以下几点来进行理解:

(1)本地 DBMS 的运行不会受到它们加入到分布式系统的影响。

(2)访问多个数据库进行的全局查询不会对本地的 DBMS 对数据的处理和优化造成影响。

(3)系统一致性和运行不应当受到个别 DBMS 的加入或者离开分布式系统的影响。

也可以将这些特点做如下总结:

(1)设计自治:每个单独的 DBMS 可以自由地选择数据模型和事务处理技术。

（2）通信自治：每个单独的 DBMS 可以自由地决定什么样的信息可以提供给其他 DBMS，或提供给控制全局执行的系统软件。

（3）执行自治：每个单独的 DBMS 能够用自己的方式执行提交给它的事务。

按以上特点可以对 DBMS 进行分类，主要包括三类。

第一种是紧密集成，就是对任何共享信息的用户而言，他看到的都是全部数据库的一个单一的形象，即使这些共享的信息位于多个数据里。从用户的角度看，所有的数据在逻辑上被集成为一个数据库。在如此紧密集成的系统里，数据管理程序实现过程一般为：在多个数据管理程序中，有一个管理程序负责对每一个用户的请求处理进行控制，即使这个请求需要用到多个数据管理程序所提供的服务。这种情况下即使 DBMS 具有独立运行的能力，此时也不会作为一个独立的 DBMS 来运行。

第二种是半自治系统。它由独立运行的 DBMS 组成，但是它们必须加入一个体系才能实现本地数据的共享，每一个这样的 DBMS 要决定它拥有的数据的哪个部分可供其他 DBMS 使用，它们还不是全自治的系统，因为必须要对它们进行一定的修改才能实现信息交换。

第三种是全孤立系统。在这样的系统里，每个 DBMS 都是独立存在的，它们既不知道其他 DBMS 的存在，也不知道如何和它们通信。这种情况下，对涉及多个数据库的用户事务处理特别困难，因为系统内不存在对每个 DBMS 执行所施加的全局控制。

以上三种分类，不是唯一的，这里只列举了应用比较广泛的三种情况。

2. 系统的分布

刚刚讨论的自治指的是对控制的分配，下面主要研究的分布则指的是如何处理数据的问题。我们要考虑数据在多个站点上的物理分布问题。用户把数据看成是一个单一的逻辑池。对于 DBMS，已经有了几种不同的分布方式，可把它们抽象为客户/服务器（client/server）分布、P2P（peer-to-peer）分布（即全分布）与非分布三种可选的体系架构。

客户/服务器分布把数据管理的任务集中在服务器端，而客户端则集中于提供包括用户界面在内的应用环境，通信的任务由客户和服务器共同承担。客户/服务器 DBMS 是一种功能分布的折中。目前构造这种分布方式的方法很多，每一种都提供了不同程度的分布。主要的方法是把站点分为"客户"和"服务器"两种，每种在功能上进行区别。

在 P2P 系统（peer-to-peer systems）里，不存在客户端和服务器端机器这样的区别。每个机器都具备完整的 DBMS 功能，同时也可以和其他机器通信以完成查询和事务的执行。早期的分布式数据库系统大部分工作都是基于 P2P 的体系架构。

3. 系统的异构性

异构可能发生在分布式系统的各个方面，从硬件的异构到不同的网络协议，还有数据管理程序的变化等。主要关注的是数据模型、查询语言以及事务管理的协议这几个方面。用不同的建模工具表示数据就会产生异构，这主要是由于不同的数据模型的表达能力和局限性造成的。查询语言的异构不仅与不同的模型采用完全不同的数据访问方式有关，同时还涉及语言上的不同，即使使用同一模型也会出现这样的问题。虽然 SQL 是标准的关系查询语言,但对于它的实现不尽相同,每个软件的语言会略有不同。

12.2.3 分布式数据库的组成

1. 数据

数据是分布式数据库的主体,包括局部数据和全局数据。

局部数据:只提供本站点的局部应用所需要的数据。

全局数据:虽然物理上存储在某个站点上,但是参与全局应用。

2. 数据目录

数据目录称为描述数据库,也称为数据字典或元数据。它对数据结构的定义、全局数据的分片、分布、授权、事务恢复等进行描述。

局部数据目录:局部站点上的数据词典。由局部数据库管理员和全局数据库管理员协调建立和管理。

全局数据目录:就是全局数据字典,又称网络数据字典,提供全局数据的描述和管理相关信息,如数据的结构定义,数据的分片、分布处理、授权、事务恢复等的必要信息。它由各站点上的全局数据库管理员建立和管理。

12.2.4 分布式数据库的模式结构

分布式数据库是基于计算机网络连接的集中式数据库的逻辑集合。因此,分布式数据库模式结构既保留了集中式数据库模式结构的特色,又比集中式数据库模式结构复杂。

(1)全局外模式:全局应用的用户视图,也称全局视图,从一个由各局部数据库组成的逻辑集合中抽取,即全局外模式是全局概念模式的子集。对全局用户而言,可以认为在整个分布式数据库系统的各个站点上的所有数据库都如同在本站点上一样,只须关心他们自己所使用的那部分数据。

(2)全局概念模式:描述分布式数据库中全局数据的逻辑结构和数据特性,是分布式数据库的全局概念视图。采用关系模型的全局概念模式由一组全局关系的定义(如关系名、关系中的属性、每一属性的数据类型和长度等)和完整性定义(关系的主键、外键及完整性其他约束条件等)组成。

(3)分片模式:描述全局数据的逻辑划分。每个全局关系可以通过选择和投影的关系操作被逻辑划分为若干片段。分片模式描述数据分片或定义片段,以及全局关系与片段之间的映像。这种映像是一对多的。

(4)分配模式:根据选定的数据分布策略,定义各片段的物理存放站点,即定义片段映像的类型,确定分布式数据库是冗余的还是非冗余的,以及冗余的程度。如果一个片段分配在多个站点上,则片段的映像是一对多的,分布式数据库是冗余的,否则是不冗余的。

(5)局部概念模式:是全局概念模式的子集。全局概念模式经逻辑划分成一个或多个逻辑片段,每个逻辑片段被分配在一个或多个站点上,称为该逻辑片段在某个站点上的物理映像或称物理片段。对每个站点来说,在该站点上全部物理映像的集合称为该站点上的局部概念模式。或者说,一个站点上的局部概念模式是该站点上所有全局关系模式在该站点上物理映像的集合。

(6)局部内模式:是分布式数据库中关于物理数据库的描述,描述的内容不仅包含局部本站点的数据的存储描述,还包括全局数据在本站点的存储描述。

分布式数据库的模式结构如图 12.3 所示。这种分层的体系结构为理解分布式数据库提供了一种极通用的概念结构。它有三个显著特征:

(1)数据分片和数据分布概念的分离,形成了"数据分布独立性"的概念。

(2)数据冗余的显式控制:数据在各个站点上的分布情况在分布模式中一目了然,便于管理。

(3)局部 DBMS 的独立性:允许在不考虑局部 DBMS 的数据模型的情况下研究分布式数据库管理的有关问题。

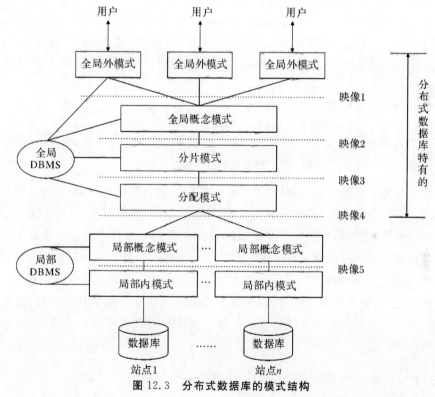

图 12.3　分布式数据库的模式结构

全局数据虽然物理地存储在各站点上,但它们由全局 DBA 管理,而局部数据则由局部DBA 管理。各站点上的用户是否有权访问全局数据,由全局 DBA 授权,局部 DBA 无权向局部用户授予全局数据的访问权,即使这些全局数据存放在本站点中。

12.3　分布式数据库的设计与存储

12.3.1　分布式数据库的设计

分布式数据库的设计即考虑如何将数据库以及使用它们的应用放置到分散的站点上。

对于数据的存放存在两种不同的选择:划分(即无重复)和重复。在划分的方案下,数据被分割成许多不相交的片段,每个片段存储在一个站点。重复的方案主要包括全重复(或全复制,即每个站点都存储全部的数据库)和部分重复(部分复制,即每个划分存储在不止一个站点但不是所有的站点上)。设计的两个根本问题是划分和分布。划分是指把数据库划分成一个个片段,分布是指对片段的最优分布。

图 12.4 所示为分布式数据库设计过程的框架。设计过程从需求分析开始,它定义了系统的环境,并且包括所有潜在用户的数据需求和处理需求。对需求的研究还要说明最终的系统对分布式 DBMS 目标的符合程度,这些目标与性能、可靠性和可用性、经济性以及扩展性有关。概念设计是决定实体和实体之间的关系的过程,可以看成是视图设计的集成。这一视图集成不仅要支持现有的应用,而且还要支持未来的应用。视图集成中应当保证在概念模式中覆盖所有视图的实体和关系需求。全局概念模式产生的访问方式信息是分片设计的输入,通过分片以后把实体分布到分布式系统的各个站点来设计出局部概念模式。

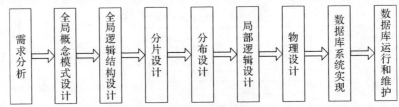

图 12.4　分布式数据库的设计过程

通常不会对关系进行分布,而是通过分片设计把关系分割成片段,然后对这些片段进行分布。因此,分布式设计的过程由两部分组成:分片设计和分布(分配)设计。设计过程的最后一步是物理设计,它将局部概念模式映像到对应站点上可用的物理存储设备。这一过程输入的是局部概念模式以及模式中关于片段的访问方式的信息。最后根据以上设计的结果建立数据库,编制调试应用程序,组织数据入库,进行试运行,最终实现数据库系统。众所周知,任何一个设计和开发都是连续进行的,需要周期性的检查和调整,因此我们把数据库运行和维护作为这一过程的主要活动。这一过程不仅要检查数据库实现的过程,而且还要关注是否符合用户的需要。

12.3.2　分布式数据的存储

1. 数据在分布式数据库中的存储途径

(1)数据的重复存储。系统在两个或两个以上结点维护关系 R 的几个完全相同的副本。若系统的每个结点都存储 R 的一个副本,则称这种重复存储为完全重复存储。数据重复存储具有以下几个优点:

1)可用性强:如果某个存储 R 的结点出了故障,系统仍然可以使用其他结点上的副本继续处理用户查询,使系统正常运行。

2)增强并行性:由于 R 的重复存储,可以使更多的用户并行地查询 R。

3)数据的重复存储也会带来一些问题,如增加了更新操作的开销,加大了并行控制的难度。

(2)分片存储。关系的实例就是表格。因此分片的实质就是用不同的方法把表格进一步划分为更小的表格。目前常用的方法有四种:水平分片、垂直分片、导出分片、混合分片。

关系被划分为几个片段,片段指在分布式数据库系统中,某一站点上存储的数据集合,各个片段存储在不同的结点上。将数据分片,使数据存放的单位不是关系而是片段,这既有利于按照用户的需求较好地组织数据的分布,也有利于控制数据的冗余度。

分片时必须遵循以下原则:

1)完全性:被划分关系中的每个元组必须属于一个片段。

2)不相交性:同一个关系的片段互不相交。

3)可重构性:若 R 被划分为片段 R1、R2、…、Rn,则 R 能从 R1、R2、…、Rn 恢复出来。即通过执行片段上的并操作来实现全局关系的重构。

4)分片方式:数据库的分片方式是片段集合的定义,其中包括数据库中的所有属性和元组,并且满足以下条件:可以通过连接或并运算的某个序列来重构整个数据库。除在垂直或者混合分片中重复存储主键之外,使其他所有片段都不相交,尽管不必要,但是有时也会用到。

·水平分片。关系的水平分段是该关系中的元组的一个子集。可以通过关系的一个或多个属性上的条件或者通过某种其他的机制来指定属于水平片段的元组。通常,这个条件只会设计单个属性。例如,可以利用系别对学生表进行水平分片,其中每个片段都包含学生表的元组。

将关系 r 依照一定条件按行分为不相交的若干子集 r1,r2,…,rn,每个子集 ri 称为一个水平片段。一个水平片段可以看成是关系上的一个选择。

$$ri = \sigma P(i)(r)$$

如 C_S= σDNO＝D08(S)关系的重构可以通过并运算来实现。

$$r= r1 \cup r2 \cup \cdots \cup rn$$

·导出分片,又称导出水平分片,分片的条件不是关系本身属性条件,而是其他关系的属性条件。例如利用 S 中的 sex 去对 SC 表进行分片:

```
S(S♯,Sname,age,sex)
        define fragment S1 as
        select  *  from S where Sex='M';
        define fragment S2 as
        select  *  from S where Sex='F';
```

·垂直分片。每个站点可能并不需要一个关系的所有属性,这就表明需要不同的分段类型来实现属性的分组。垂直分片将按列"垂直地"划分关系。关系的垂直片段将只保留关系的某些属性。一般把频繁应用的属性分在一起,且每个分片都要包含主键。

将关系 r 按列分为若干属性子集 r1,r2,…,rn,每个子集 ri 称为一个垂直片段。

一个垂直片段可以看成是关系上的一个投影。

$$ri = \prod R_i(r)$$

其中 R_i 是 r 的一个属性子集。如:$P\_S = \prod PNO,SAL(P)$

关系的重构可以通过连接运算来实现。

$$r = r1 \bowtie r2 \bowtie \cdots \bowtie rn$$

所有分片都包括关系的键。

·混合分片。可以把几种类型的分段混合起来,产生一个混合分片,即产生一个混合关系,按某种方式分片后,得到的片段再按另一种方式继续分片。

如 SC(SNO,CNO,G)按学生系别分片,再对每个片段按成绩(及格,不及格)分片。

(3)组合存储。这种方法是重复存储和分片存储相结合的方法。关系被划分为几个片段,系统为每个片段维护几个副本,每个副本存放于不同的结点上。

2.数据的命名

每个数据项(关系、副本、片段)必须有唯一的名字,在分布式数据库系统中必须保证在不同的结点上不会用同一个名字来代表不同的数据项。

途径 1:名字服务器。所有名字都在名字服务器中注册,每个名字对应一个数据项。

缺陷:名字服务器成为名字解析的瓶颈;其故障将影响整个系统的运行;局部自治性降低。

途径 2:将结点标识作为前缀加到该结点数据项的名字前面。使用这一方法,能够保证名字的唯一性,不须中央控制,局部自治性提高;但不能保证网络透明性。

12.4 分布式查询处理

12.4.1 分布式查询处理

分布式数据库查询处理包括以下几个阶段:

(1)查询映射。使用查询语言形式化地指定分布式数据上的输入查询,然后将其转换成全局关系上的一个代数查询。这种转换是通过参考全局概念模式完成的,并且不会考虑数据的实际分布和备份情况。因此这种转换在很大程度上和集中式 DBMS 中执行的转换相同。首先对其进行规范化,分析语义错误,进行简化,最终将其重构成一个代数查询。

(2)本地化。分布式数据库中,分片将导致把关系存储在不同的站点中,其中可能会复制某些片段。这个阶段使用数据分布和复制信息,将全局模式上的分布式查询映射成各个片段的单独查询。

(3)全局优化查询。优化设计从候选查询列表中选择一种最接近最优的策略。可以通过改变前一个阶段生产的片段查询内的操作顺序来获得候选查询列表。时间是度量代价的最重要因素。总代价是诸如 CPU 代价、I/O 代价和通信代价之类的加权代价组合。由于

DDB 是通过网络连接的,因此网络上的通信代价通常最为突出。当通过广域网连接站点时尤为明显。

(4)本地查询优化。DDB 中的所有站点都会经历这个阶段。其技术类似于集中式系统中使用的那些技术。

前三个阶段是在中央控制站点上执行的,最后一个阶段则是在本地执行的。

12.4.2　分布式查询的数据传输代价

在分布式数据库系统中,数据分布在网络上的多个结点之中,其查询需要由多个结点利用网络协作完成。在集中式数据库中,查询优化的目标是产生最小磁盘 I/O 数,在分布式数据库中还要考虑网络的传输时间和各结点的并发执行。因此,分布式查询处理较集中式数据库复杂。

在分布式数据库系统中,查询可分为三类:局部查询、远程查询、全局查询。局部查询和远程查询只涉及单个结点的数据(本地的或远程的),可以采用集中式数据库的处理技术;全局查询涉及多个结点的数据,因此相对复杂得多。

分布式查询处理的过程如下。

1. 查询变换

将用户查询转换为析取范式或合取范式,并进行语义分析,检查查询的正确性等。

2. 数据定位

数据定位的目的是把用户定义在全局概念模式上的查询转换为定义在局部概念模式上的查询。由于它定义在片段上,因此也称为片段查询。设查询 Q 中包含关系 R_1、R_2、$\cdots$、R_n,而且对于 $1 \leqslant i \leqslant n$,$R_i$ 已经被划分为 m 个片段。

R_{i1}、R_{i2}、$\cdots$、R_{im},$R_i = F(R_{i1}、R_{i2}、\cdots、R_{im})$。Q 的数据定位包括两步。第一步,对于 $1 \leqslant i \leqslant n$,用 $R_i = F(R_{i1}、R_{i2}、\cdots、R_{im})$ 代替 Q 中的 Ri,得到一个等价的片段查询 FQ。第二步,进一步加工 FQ,产生一个与 FQ 等价并且效率更高的片段查询。

3. 全局查询优化

无论是集中式数据库还是分布式数据库其查询策略的选择都是以执行查询的预期代价为依据的。在集中式数据库中,查询执行的开销主要是 I/O+CPU 代价。而在分布式数据库中查询执行的开销为 I/O+CPU 代价+通信代价。因此在全局查询优化时需要选择执行操作的顺序,降低网络通信的开销。

4. 局部查询优化

局部查询优化的目的是为每个局部查询选择优化的执行计划,其方法与集中式数据库的查询优化策略和方法相同。

【例】 存在图 12.5 两个站点，其中属性及元组数已经知道，分析一下它的查询中存在的可能性。

图 12.5　A-B 站点数据及网络情况

假定每条元组 100 b 大小，求供应红色零件的、北京的供应商号码。

通过 SQL 语言可以简单地实现分布式查询处理：

select S.S# 　from 　S，P，SP
where S.CITY ＝ '北京' and S.S# ＝ SP.S#
and 　SP.P# ＝ P.P# and P.COLOR ＝ '红色'

但是实际查询所耗的时间需要通过下面公式计算：

$$\text{传送时间 } T = \text{总传输延迟} + \text{总数据量}/\text{传输速度}$$

如果把关系 P 从 B 站传送到 A 站，在 A 站进行查询：

$$\text{传送时间 } T = (1 + 10^5 \times 100 / 10^4) \text{s} = 10^3 \text{ s}$$

如果把关系 S、SP 从 A 站传送到 B 站，在 B 站进行查询：

$$\text{传送时间 } T = [2 + (10^4 + 10^6) \times 100 / 10^4] \text{s} \approx 10^4 \text{ s}$$

如果在 A 站连接 S 与 SP，选出城市为北京的元组（假定有 10^5 个），然后对其中每个元组的 P#，询问 B 站，看其是否为红色。

$$\text{传送时间 } T = 2 \times 10^5 \text{ s}$$

如果在 B 站选出红色零件（假定有 10 个），然后对每个元组询问 A 站，看北京的供应商是否供应此零件。

$$\text{传送时间 } T = (2 \times 10) \text{s} = 20 \text{ s}$$

如果在 A 站选出北京的供应商（ 10^5 个），传送到 B 站，在 B 站完成查询。

$$\text{传送时间 } T = (1 + 10^5 \times 100/10^4) \text{s} = 10^3 \text{ s}$$

如果在 B 站选出红色零件（10 个），把结果传送到 A 站，在 A 站完成查询。

$$\text{传送时间 } T = (1 + 10 \times 100/10^4) \text{s} = 1.1 \text{ s}$$

通过以上例子可以看出，在分布式查询过程中，选取合适的查询策略，对查询效率至关重要。

12.4.3　使用半连接的分布式查询处理

半连接：半连接类似于自然连接，写为 R∞S 的连接，这里的 R 和 S 是关系。半连接的结果只是在 S 中有在公共属性名字上相等的元组所有的 R 中的元组。

定义：

$$R∞S= \prod R(R∞S)$$

A	B
a1	b1
a2	b1
a2	b3
a2	b4
a3	b3

∞

B	C
b1	c1
b2	c2
b5	c1
b5	c2
b6	c4
b7	c2
b8	c3

=

A	B
a1	b1
a2	b1

当一张表在另一张表找到匹配的记录之后，半连接(semi-jion)返回第一张表中的记录。

两个关系 R 和 S 的半连接运算是在关系 R 和 S 的自然连接运算的基础之上再作一次投影运算，投影的属性是半连接运算左算子的属性。R∞S 可以形式化地表示为 R∞S = $\prod R(R∞S)$，半连接具有非对称性。

使用半连接进行分布式查询的核心思想是：在把关系传输到另一个站点之前减少关系中的元组数量。确切地讲，其核心思想就是将一个关系 R 的连接列发送到另一个关系 S 所在的站点，然后将这个列与 S 进行连接。之后，将把连接属性以及结果中所需的属性投影出来并发送回原始站点，然后与 R 进行连接。因此，将只在一个方向上传输 R 的连接列，并在另一个方向上传输 S 的不含无关元组或属性的子集。如果 S 中只有一小部分元组参与连接，这可能就是一种最小化数据传输量的高效解决策略。

半连接在分布式数据库中的应用：

R 与 S 位于不同结点 S1、S2 上，其属性组分别为 R1、R2，要在 S1 结点求 R 和 S 的连接结果。

在 S1 结点对 R 做投影，将 R 缩减为 R′：

$$R' = \prod R1 \cap R2(R)$$

将 R′送往结点 S2。

在 S2 结点完成 S 与 R′的半连接操作，将 S 缩减为 S′：

$$S' = S∞R'$$

将 S 送回结点 S1。

在 S1 结点完成 R 与 S 的连接操作：

$$R∞S = R∞S'$$

习　　题

1.简述分布式数据库的特点。

2.简述分布式数据库的分类。

3.简述分布式数据库的自治性及其特点。

4.简述分布式数据库设计的思路。

5.分片时必须遵循哪些原则?

6.简述主要的分片方式。

第 13 章　非关系型数据库

本章主要介绍 NoSQL 数据库的基本概念、常见存储模式以及其理论基础。首先,通过大数据时代应用场景的主要特点,提出传统关系型数据库在应对大数据存储问题时存在的瓶颈问题,从而引出 NoSQL 数据库的产生和发展,并给出 NoSQL 数据库适用的应用场景。其次,介绍 NoSQL 常用的四种存储模式。最后,讲解 NoSQL 的数据一致性。

13.1　NoSQL 的概念

随着互联网技术的不断发展,各种类型的应用层出不穷。在大数据和云计算盛行的时代,对数据存储技术提出了更高的要求。虽然传统的关系型数据库在数据存储方面占据了不可动摇的地位,但是由于其自身特点,很难克服以下几个弱点:扩展困难、读写慢、成本高和支撑容量有限。为了解决这几个问题,出现了非关系型数据库,即 NoSQL。

13.1.1　大数据应用场景

什么是大数据? 多大的数据可以称为大数据? 不同的年代有不同的答案。20 世纪 80 年代早期,大数据是指数据量大到需要存储在数千万个磁带中的数据;20 世纪 90 年代,大数据是指数据量超过单个台式机存储能力的数据;如今,大数据是指关系型数据库难以存储、单机数据分析统计工具无法处理的数据。这些数据需要存储在拥有千万台机器的大规模并行系统上。大数据出现在日常生活和科学研究的各个领域,数据的持续增长使人们不得不重新考虑数据的存储和管理。

大数据的特点有 4 个层面,即 4 个"V"。

(1)数据体量巨大(Volumn)。大数据拥有现有技术无法管理的数据量,从 TP 到 PB 再到 ZB 这样的数据级。随着技术的进步,这个数据也会不断变化。但是,随着数据量的不断增长,可处理、理解和分析的数据比例却在不断下降。

(2)数据类型繁多(Variety)。随着传感器、智能设备等的广泛使用,产生的数据也变得更加复杂,包括各种各样的文档、视频、图片、地理位置、传感器等产生的结构化、半结构化和非结构化数据。

(3)价值密度低(Value)。价值密度的高低与数据总量的大小成反比。以视频为例,一部一小时的视频,在连接不间断监控过程中,可能有用的数据仅仅只有一两秒。如何通过强大的机器学习算法更迅速地完成数据的价值"提纯"是目前大数据背景下急需解决的难题。

(4)处理速度快(Velocity)。高速描述的是数据被创建、移动和处理的速度。不仅需要了解如何快速地创建数据,还必须知道如何快速处理、分析数据并将结果返回给用户,以满足他们的实时需求。

大数据技术总体上说,就是从各种类型的数据中快速获得有价值信息的技术。一般包括大数据采集、大数据预处理、大数据存储及管理、大数据分析及挖掘、大数据展现和应用。其中,大数据存储及管理要用存储器把采集到的数据存储起来,建立相应的数据库,并进行管理和调用。

13.1.2 关系型数据库的瓶颈

传统的关系型数据库从 20 世纪 70 年代开始,就占据了数据库市场中的主流地位,解决了很多企业数据存储问题。它具有非常完备的关系理论基础,具有事务机制的支持,有高效的查询优化机制,可以让关系型数据库解决企业中的业务需求。但是自从互联网应用程序诞生之后,尤其是发展到如今的大数据时代,关系型数据库自身的局限性也变得越来越突出。

对于数据量多、结构复杂、用户群极为庞大的互联网应用程序来说,数据库必须能够提供以下几个方面的支持:

(1)对大批量读写操作的处理能力;

(2)较低的延迟时间和较短的响应时间;

(3)较高的数据可用性。

关系型数据库很难满足上述要求。在 Web2.0 时代之前,各企业一直在改进数据库的性能,但当时所用的优化技术已无法满足对操作规模、用户量及数据量的需求。当关系型数据库需要提高其数据处理能力时,可以通过不断升级硬件配置的方式,比如购买更多的CPU、安装更大的内存,或是改用更快的存储设备,这种方式叫作纵向扩展。这种方案需要花费大量的资金,而且其效果是有限的,因为一台服务器所支持的 CPU 数量及内存容量是有限制的。

还有一种方法是把关系型数据库放在多台服务器中运行,多台服务器同时操作某一个关系型数据库管理系统,这种方式叫作横向扩展。然而关系型数据库在数据模型、完整性约束和事务的强一致性等方面的特点,导致其难以实现高效率、易横向扩展的分布式部署结构。

13.1.3 NoSQL 数据库的产生

NoSQL 概念出现于 1998 年,发力于 2009 年,这一年恰好是 Hadoop 技术在互联网上成功应用于大数据处理的爆发年。大数据问题的出现,催生了新的非关系型数据库技术,并在短短的十年内得到了迅猛发展。该技术的出现,弥补了传统关系型数据库的技术缺陷——尤其在速度、存储量及多样化结构数据的处理问题上。

最新的 NoSQL 官网对 NoSQL 的定义:主体符合非关系型、分布式、开放源码和具有横向扩展能力的下一代数据库。英文名称 NoSQL 本身的意思是"Not only SQL",意即"不仅

仅是 SQL"。NoSQL 数据库的主要技术特点有以下几个方面:

(1)使用弱存储模式。NoSQL 数据库大大简化了传统关系型数据库在表结构强制定义、数据存入类型的强制检查等方面的约束要求。同样插入一条数据,NoSQL 数据库的处理速度比传统关系型数据库要快。

(2)没有采用 SQL 技术标准来定义和操作数据库。NoSQL 没有采用类似 SQL 技术标准的统一操作语言来处理数据。这有利于不同特点的 NoSQL 技术创新,但是也带来了可移植性问题,没有统一的数据库访问标准,也就意味着不同的 NoSQL 数据库产品在项目上无法很好地进行技术移植。

(3)采用弱事务保证数据可用性及安全性。

(4)主要采用多机分布式处理。NoSQL 数据库应用建立在多台服务器进行集群(Cluster)组网上,由 NoSQL 在其上进行分布式数据处理,把大数据处理结果存放到不同服务器的硬盘中。

13.1.4 NoSQL 数据库的应用场景

NoSQL 的产生主要解决以互联网业务为主的大数据应用问题,重点突出处理速度的响应和海量数据的存储问题。NoSQL 可以在下面几种场景中应用。

(1)海量日志数据、业务数据或监控数据的管理和查询。例如,管理电商网站或 APP(应用程序)的用户访问记录、交易记录,采集并管理工业物联网中的数据采集与监控系统数据。这些数据一般会被持续采集、不断累积,因此数据量极大,可能无法通过单机管理。另外,这些数据结构简单,且缺乏规范。例如,从不同业务服务器或不同工业设备所采集的数据格式可能是不同的,这使得利用关系模型描述数据变得困难。NoSQL 采用键值对、无模式的数据模型处理这类数据会简单一些。

(2)特殊的或复杂的数据模型的简单化处理。例如,互联网中的网页和链接可以看作是点和线的关系,这样可以把互联网中网站和网页的关系抽象为有向图。NoSQL 数据库中有一类"图数据库",专门对这种数据结构进行了优化。再比如,股票数据中有所谓的"F10"数据,即企业背景信息,该信息包含了相对静态的企业概况信息,也包含了动态的公告信息、股本结构变动信息等。这些背景信息的格式是不确定的、变化的,而且数据格式之间可能存在列的嵌套等情况。这种数据结构虽然也可以尝试用关系模型描述,但采用文档型数据库,用一条记录就能描述所有信息,并且支持记录结构的动态变化。

(3)作为数据仓库、数据挖掘系统或 OLAP(On-Line Analytical Processing,联机分析处理系统)的后台数据支撑。数据仓库是在企业管理和决策中面向主题的、集成的、与时间相关的、不可修改的数据集合。数据仓库可以从多个数据源收集数据,并且将数据进行预处理,如抽取、转换和加载(Extract Transform Load,ETL)等操作,将数据转换为统一的模式。处理后的数据会根据决策的需求进行组织,形成面向主题的、集成化的、较稳定的数据集合,数据内容则反映了历史变化。数据挖掘是从大量数据集中发现有用的新模式的过程,数据挖掘的核心技术之一是数据挖掘算法,例如决策树、逻辑回归、K 均值等。在大数据领域,数据挖掘也会考虑基于分布式计算引擎实现。OLAP 可以看作是一种基于数据仓库系统的应用,一般面向决策人员和数据分析人员,针对特定的商务主题对海量数据进行查询和分析等。与此相对应的概念是联机事务处理(On-Line Transaction Processing,OLTP),即利用传统关系型数据库系统实现的、基于事务的业务系统。NoSQL 通常没有 ETL、汇聚和数据挖掘等功能,也不包含数据挖掘引擎,需要将 NoSQL 与 MapReduce、Spark 等分布式处理框架结合使用。大部分数据预处理和数据挖掘工具也支持从多种NoSQL数据库中读取数据。特别是 NoSQL 数据库可能已经实现数据在多个节点上的均匀存储,这使得并行数据挖掘也变得相对容易。

13.2 NoSQL 数据库存储模式

对于关系型数据库,虽然存在多种商业产品,但其基本模型都是统一的关系数据模型,都实现了 SQL 支持、事务机制、完整性保护等功能,针对不同数据库产品的设计方案也是相近的。但 NoSQL 数据库则有很大不同,NoSQL 一词可以看作是非关系型数据库的统称,没有一个统一的模式。常见的 NoSQL 数据库存储模式有键值存储模式、文档存储模式、列存储模式和图存储模式。实际应用中,这几种模式可以是相互配合的关系,没有绝对的界限。

13.2.1 键值数据库

键值数据库(Key-Value DataBase)是一类以轻量级结构内存处理为主的 NoSQL 数据库。最初是针对传统数据库表结构的缺点而设计的,如:过多的表结构定义和约束,影响了数据库的执行效率;低效的机械硬盘读写原理,影响了大数据环境下业务系统的应用。因此,采用速度快的多的内存或 SSD(固态硬盘)为数据运行存储的主环境,采用键值存储模式,采用去规则化、去约束化来大幅度提升数据库的执行效率。也就是说,键值数据库存储模式的设计原则是以提高数据处理速度为第一目标的。

1.键值数据库的基本原理

在设计思路上,键值存储模式的数据结构借鉴一维数组的设计方法。如图 13.1 所示,一维数组左边一列是下标,也就是地址,用于读写数组值。数组默认的下标从 0 开始,存放着"N"。在这样的约束下,能存放的值的类型有限,下标也只有单一用途。

0	N
1	O
2	S
3	Q
4	L

图 13.1　一维数组

键值存储模式的设计者希望能放宽对下标和值的限制,于是出现了关联数组(Associative Array),如图 13.2 所示。

键(Key)	值(Value)
'1998 年'	NoSQL 概念出现
'2009'	NoSQL 开始发展
'K'	键值数据模型
…	…

图 13.2　关联数组

关联数组的限制放宽了不少,下标变成了可以自由设置整型和字符串类型的值;右边可以存储的类型也得到了扩充,数值、字符串、列表等都可以。这里出现了"键"和"值"的概念,它们存放数据时要成对出现。

(1)键(Key)。键起唯一索引的作用;确保一个键值结构里数据记录的唯一性,同时也起信息记录作用。如图 13.2 中的"1998 年"不但起地址唯一的作用,同时告诉用户具体的年份信息。

(2)值(Value)。值对应键相关的数据,通过键来获取,可以存放任何类型的数据。

(3)键值对(Key-Value Pair)。键和值的组合形成了键值对,它们之间是一对一映射的关系。

但是只有数据存储结构及数据,数据得不到永久保存(持久性),是不能称为真正的数据库的,需要一定时间周期把数据复制到本地硬盘、闪存盘。目前,键值数据库主要运行在内存,定期向硬盘写数据等。

2.键值数据库的优点

(1)简单。数据存储结构只有"键"和"值",并成对出现。"值"理论上可以存储任意数据,并支持大数据存储。凡是具有类似关系的数据应用,都可以考虑键值数据存储结构。例如,存储用户信息,包括会话、配置文件、参数、购物车等等。这些信息一般都和 ID(键)挂钩,这时键值数据库是个很好的选择。

(2)快速。键值存储模式在设计之初就是要避开机械硬盘低效的读写瓶颈,采用以内存为主的设计思路,使键值数据库有快速处理数据的优势。

(3)高效计算。数据结构简单,而且数据集之间的关系简单化,基于内存的数据集计算;为大量用户访问情况下,需要高速计算并响应的应用提供了技术支持。如电子商务网站需要根据用户的历史访问记录,实时推荐用户喜欢的产品,提高用户的购买量。这种推荐过程不能出现明显的延迟,否则就会有不好的用户体验,而键值存储模式就擅长解决此类问题。

(4)分布式处理。可以把 PB 级的大数据存放到几百万台 PC(个人计算机)服务器的内存里一起计算,最后对计算结果进行汇总,使得键值数据库具备处理大数据的能力。

3.键值数据库的缺点

(1)对值进行多值查找功能很弱。键值数据存储模式在设计初始,就以键为主要对象进行各种数据操作,包括查找功能,对值直接进行操作的功能很弱。若在键值数据库里需要对值进行范围查找和部分统计,必须把数据读出来,在业务代码处进行编程处理。

(2)缺少约束,意味着更容易出错。由于键值数据库不用强制命令预先定义"键"和"值"所存储的数据类型,在具体业务使用过程中,原则上"值"什么数据都可以存放,甚至放错了数据也不会报错,这在某些应用场景上是很致命的,需要程序员对业务代码进行编程约束,避免潜在的问题。

(3)不容易建立复杂关系。键值数据库的数据集不像传统关系数据库那样建立复杂的横向关系,不能通过两个或以上的键来关联数据。像传统数据库中的多表关联方式在键值数据库里无法操作。如果想要快速读写数据,而不追求传统关系数据库表数据复杂的处理关系,可以考虑使用键值数据库。

常见的键值数据库产品有 Riak、Redis、Memcached、Amazon's Dynamo、Project Voldemort 等。

13.2.2　文档数据库

文档数据库(Document Store)的概念最早起源于 Lotus 公司于 1989 年开发的 Notes软件产品。文档数据库被用于管理文档,尤其适合于处理各种结构化和半结构化的文档数据、建立工作流应用、建立各类基于 Web 的应用。文档数据库在设计时,主要考虑的是去掉传统数据库规则的约束。在传统关系数据库中需要严格的表结构预定义,严格的写入检查,严格的多表关系约束。文档数据库为了追求大数据环境下数据操作性能的最大化,无须数据存储结构预定义,无须严格地写入检查,多存储结构无严格的关系约束。

1. 文档数据库的基本原理

文档数据库采用"键值对"的数据存储方式,实际存储时所有内容(数据和格式)都存储在一个大的字段里。用"{ }"括起的包含若干个键值对的一个大字段称之为一条文档,如图13.3 所示。

```
{  "Customer_id": "10001",
   "NAME":"李明",
   "Address": "陕西省西安市未央区"
   "Tel":"15687392837"
}
```

图 13.3　文档数据库中的文档

(1)键值对。文档数据库数据存储结构的基本形式为键值对形式,具体由数据和格式组成。数据分为键和值两部分,格式根据数据种类的不同有所区别,如 JSON、XML、BSON等。键一般用字符串表示,值可以用各种数据类型表示,比如数字、字符串、日期、逻辑值、数组、文档等。根据数据和格式的复杂程度,可以把键值对分为基本键值对、带结构键值对、多形结构键值对。

1)基本键值对。键和值都是基本数据类型,没有更加复杂的带结构的数据,比如带数组或文档的值。图 13.3 所示即为基本键值对。

2)带结构键值对。值带数组或嵌入文档的叫作带结构键值对,如图 13.4 所示。假设李明购买了编号为 1001、1003、2005、2008 的四种商品,其文档中就可以采用数组体现出所购买的商品。

```
{   "Customer_id": "10001",
    "NAME":"李明",
    "Address: "陕西省西安市未央区"
    "Tel":"15687392837"
    "Goods": [1001,1003,2005,2008]
    "Amount": 100
}
```

图 13.4　值带数组的键值对

图 13.5 中,书目的出版信息可以用值带嵌入文档的键值对来表示。

```
{   "Goods_id": "1001",
    "NAME": "数据库系统概论",
    "Price": 42,
    "Publishing Information":{"Writer": "王珊",
                              "ISDN": "9787040406641"
                              "Press": "高等教育出版社" }
}
```

图 13.5　值带嵌入文档的键值对

3)多形结构键值对。不同结构的键值对可以放在一起,构成多个文档,形成一个数据集。比如,电子商务平台中不同类型的商品属性差异很大,可采用多形结构键值对文档进行存储,如图 13.6 所示。

```
{
{   "Goods_id": "1001",
    "NAME": "数据库系统概论",
    "Price": 42,
    "Publishing Information":{"Writer": "王珊",
                              "ISDN": "9787040406641"
                              "Press": "高等教育出版社" }
}
{   "Goods_id": "2001",
    "NAME": "ThinkPad X1 Nano",
    "Price": 8999,
    "Product  Specifications":{ "CPU": "i5",
                                "RAM": "16G",
                                "HardDisk": "512G" }
}
}
```

图 13.6　多形结构键值对

(2)文档。文档是由键值对构成的有序集。图 13.7 所示为 JSON 格式的文档,每一个"{}"里的内容代表一个文档,总共有 3 个文档,每个文档里的键值对必须唯一。

```
{
  { "Goods_id": "1001",
    "NAME":"数据库系统概论",
    "Price": 42
  }
  { "Goods_id": "1002",
    "NAME":"数据结构（C语言版）",
    "Price": 35
  }
  { "Goods_id": "1003",
    "NAME":"数据科学",
    "Price": 49
  }
}
```

图 13.7   JSON 格式的文档

图 13.7 中同样的 JSON 内容,用 XML 格式表示,如图 13.8 所示。

```
<Goods>
  <Goods_Record>
    <Goods_id>"1001"</Goods_id>
    <NAME>"数据库系统概论"</NAME>
    <Price> 42 </Price>
  </Goods_Record>
  <Goods_Record>
    <Goods_id>"1002"</Goods_id>
    <NAME>"数据结构（C语言版）"</NAME>
    <Price> 35 </Price>
  </Goods_Record>
  <Goods_Record>
    <Goods_id>"1003"</Goods_id>
    <NAME>"数据科学"</NAME>
    <Price> 49</Price>
  </Goods_Record>
</Goods>
```

图 13.8   XML 格式的文档

(3)集合。集合是由若干条文档构成的对象。一个集合对应的文档应该具有相关性。

(4)数据库。文档数据库中包含若干个集合,在进行数据操作之前,必须指定数据库名。

2. 文档数据库的优点

(1)简单。没有数据存储结构的定义要求,不考虑数据写入各种检查约束,不考虑集合与集合对象之间的关系检查约束。相对于传统关系型数据库而言,数据存储结构非常简单,目的就是提高读写响应速度。

(2)相对高效。在同样的测试环境下,传统的关系型数据库,最大并发支持操作在几千到几万条之间,这个访问操作量适用于一般企业或者小规模访问量的在线网站,而且往往要付出比较高的软硬件成本。而以 MongoDB 为代表的文档数据库,写入操作每秒可以达到几万条到几十万条记录,读取操作每秒可以达到几百万条。

(3)擅长文档数据处理。可以处理基于 JSON、XML、BSON 类似格式的文档数据。

(4)查询功能强大。相对于键值数据库而言,具有强大的查询支持功能,看上去更接近于 SQL 数据库。

（5）分布式处理。具有分布式多服务器处理功能,具有很强的伸缩性,给大数据处理带来便捷。

3. 文档数据库的缺点

（1）缺少约束。这就给 NoSQL 数据库程序员提出了更高的代码编写要求。需要 No-SQL 数据库程序员自己解决输入数据的验证工作;需要自己解决多数据集之间的关系问题,在编程时必须考虑一条相关记录在不同集合里的关系,要考虑它们操作的一致性。

（2）出现冗余数据。在文档数据库里允许数据出现合理的冗余,因为在大数据存储问题上,数据稍微有些冗余,相对操作速度而言,这样的付出是值得的。

3）相对低效。这是相对于基于内存的键值数据库而言的,因为其主体是基于磁盘直接读写而进行数据操作的。

常见的文档数据库产品包括 MongoDB、CouchDB、RavenDB 等。

13.2.3　列族数据库

列族数据库(Column Families DataBase)为了解决大数据存储问题引入了分布式处理技术,为了提高数据操作效率,针对传统数据库的弱点,采用了去规则、去约束化的思路。

1. 列族数据库的基本原理

列存储模式区别于关系型数据库中面向行的存储模式。在面向行的存储模式中,数据以行(或记录)的方式整合在一起,数据行中每个字段都在一起存储。但在面向列的存储模式中,属于不同列的数据存储在不同文件中,这些文件可以分布在不同位置上,甚至在不同节点上,如图 13.9 所示。

姓名	性别	年龄
李丽	女	21
张华	女	22
王明	男	20
刘伟	男	21

列1	
姓名	性别
李丽	女
张华	女
王明	男
刘伟	男

列2	
姓名	年龄
李丽	21
张华	22
王明	20
刘伟	21

行存储　　　　　　　　列存储

图 13.9　面向行和面向列存储的对比

在执行查询时,面对某些问题,列存储模式会更加有效。比如要查询满足某些条件的列,数据库只需要读取相应列的存储文件即可,不相关的列则不需要参与检索。如果采用关系型数据库,相关行的所有字段都要被装载至内存。列存储模式针对检索行列数超大的稀疏宽表非常有效,但是如果数据量较小,则不具备明显优势。

2. 列族数据库的特点

（1）擅长大数据处理,特别是 PB、EB 级别的大数据存储和从几千台到几万台级别的服务器分布式存储管理,体现出更好的可扩展性和高可用性。

（2）查询功能相对丰富。

（3）高密集写入能力,不少列族数据库一般都能达到每秒百万次的并发插入处理能力。

常见的列族数据库产品包括 Cassandra、HBase。

13.2.4　图数据库

图存储模式来源于图论中的拓扑学,很多网状的系统都可以用图进行建模。

1.图数据库的基本原理

图模型的两个基本构建块是顶点(Vertex)和边。顶点是具备独特标识的实体,与列族数据库中的行键及关系型数据库中的主键类似。同时与其他实体有关系的实体都可以用顶点来表示。比如,社交网络中的用户、交通图中的站点等,都可以用顶点表示。顶点具有自己的属性,比如,社交网络中的用户,其属性有姓名、地址、电话等。

边用来定义顶点之间的关系。边也可以具备属性,比如,两个站点相连的距离。边可以分为有向边和无向边。

图数据库允许将数据以图的方式储存。顶点、边、属性是计算机里一个图存储的三要素。凡是有类似关系的事物实体都可以用该存储模式的图存储来处理。

2.图存储的特点

一是用于处理各种具有图结构的数据。二是应用领域相对明确。比如:具有关系的互联网社交,如 QQ、微信里的群及成员关系;基于地图的交通运输,如物流公司用来选择最佳派送路径;等等。三是偏重于查找、统计、分析应用。

常见的图数据库产品有 Neo4J、Infinite Graph、Orient DB 等。

13.3　NoSQL 的数据一致性

在关系型数据库的理论中,数据一致性存在于对事务特性的要求中,表示在事务发生前后,数据库的完整性约束没有被破坏。在分布式系统中,"一致性"这个词汇包含两方面内容:

一是数据的多个副本内容是相同的。如果要求多个副本在任意时刻都是内容相同的,这也可以看作是事务的一种要求,即对数据的更新要同时发生在多个副本上,要么都成功,要么都不成功。

二是系统执行一系列相关联操作后,系统的状态仍然是完整的。

在单机环境下的关系型数据库可以很好地解决上述问题,这也是关系型数据库的优势之一,即能够保障数据在任何时候都是完整的,是强一致性的。如果 NoSQL 要提供同样的特性,就必须在分布式架构和数据多副本情况下实现事务、封锁等机制。考虑到分布式系统可能面临网络拥塞、丢包或者个别节点系统故障等情况,分布式事务可能带来系统的可用性降低,或系统的复杂度提高等难题。

13.3.1　CAP 理论

CAP 理论最早出现在 1998 年。2000 年在波兰召开的可扩展分布式系统研讨会上,加州大学伯克利分校的布鲁尔(EricBrewer)教授发表了题为 *Towards Robust Distributed Systems* 的演讲,对该理论进行了讲解。2002 年,麻省理工学院的赛斯·吉尔伯特(Seth Gilbert)和南希·林奇(Nancy Lynch)发表论文 *Brewer's Conjecture and the Feasibility of Consistent, Available, Partition-tolerant Web Services*,证明了 CAP 理论的正确性。CAP 理论中,字母"C""A"和"P"分别代表了强一致性、可用性和分区容错性三个特征,如图 13.10 所示。

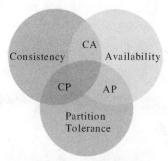

图 13.10　CAP 原理

C:Consistency(强一致性)。指任何一个读操作总是能够读到之前完成的写操作的结果。也就是在分布式环境中,多点的数据是一致的,或者说,所有节点在同一时间具有相同的数据。

A:Availability(可用性)。指快速获取数据,每一个操作总是能够在一定的时间内返回操作结果,保证每个请求不管成功或者失败都有响应。"一定的时间"是指系统的结果必须在给定的时间内返回,如果超时则被认为不可用。例如,通过网上银行的网络支付功能购买物品,当等待了很长时间,比如 15min,系统还是没有返回任务操作结果,购买者一直处于等待状态,那么购买者就不知道操作是否成功,会造成很差的用户体验。

P:Partition Tolerance(分区容错性)。指当出现网络分区的情况时(即系统中的一部分节点无法和其他节点进行通信),分离的系统也能够正常运行。也就是说,系统中任意信息的丢失或失败不会影响系统的继续运作。

一个分布式系统不可能同时满足一致性、可用性和分区容错性这三个需求,最多只能同时满足其中两个,如图 13.11 所示。

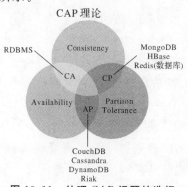

图 13.11　处理 CAP 问题的选择

CA:强调一致性(C)和可用性(A),放弃分区容错性(P)。最简单的做法是把所有与事务相关的内容都放到同一台机器上。很显然,这种做法会严重影响系统的可扩展性。传统的关系数据库(MySQL、SQL Server 和 PostgreSQL)都采用了这种设计原则,因此,扩展性都比较差。

CP:强调一致性(C)和分区容错性(P),放弃可用性(A)。当出现网络分区的情况时,受影响的服务需要等待数据一致,因此在等待期间就无法对外提供服务。

AP:强调可用性(A)和分区容错性(P),放弃一致性(C)。允许系统返回不一致的数据。

传统的关系型数据库注重数据的一致性,而对海量数据的分布式存储和处理,可用性与分区容错性优先级要高于数据一致性,一般会尽量朝着 A、P 的方向设计,然后通过其他手段保证对一致性的需求。

不同数据对一致性的要求是不一样的。举例来讲,用户评论对不一致是不敏感的,可以容忍相对较长时间的不一致,这种不一致并不会影响用户交易和用户体验。而产品价格数据则是非常敏感的,通常不能容忍超过 10 s 的价格不一致。

13.3.2 数据一致性模型

正如 CAP 理论所指出的,一致性、可用性和分区容错性不能同时满足。对于数据不断增长的系统(如搜索计算和网络服务的系统),它们对可用性及分区容错性的要求高于强一致性。一些分布式系统通过复制数据来提高系统的可靠性和容错性,并且将数据的不同副本放在不同的机器上。由于维护数据副本的一致性代价很高,因此许多系统采用弱一致性来提高性能,一些不同的一致性模型也相继被提出,主要有以下几种:

(1)强一致性:无论更新操作是在哪个数据副本上执行,之后所有的读操作都要能获得最新数据。对于单副本数据来说,读写操作是在同一数据上执行的,容易保证强一致性。对于多副本数据来说,则需要使用分布式事务协议。

(2)弱一致性:若能容忍后续的部分访问不到最新的数据,则是弱一致性,而不是全部访问不到。在这种一致性下,用户读到某一操作对系统特定数据的更新需要一段时间,将这段时间称为"不一致性窗口"。

(3)最终一致性:是弱一致性的特例,在这种一致性下,系统保证用户最终能够读到某种操作对系统特定数据的更新。

最终一致性根据更新数据后各进程访问到数据的时间和方式的不同,又可以区分为以下几种。

1)因果一致性:如果进程 A 通知进程 B 它已更新了一个数据项,那么进程 B 的后续访问将获得 A 写入的最新值。而与进程 A 无因果关系的进程 C 的访问,仍然遵守一般的最终一致性规则。

2)"读己之所写"一致性:可以视为因果一致性的一个特例。当进程 A 自己执行一个更新操作之后,它自己总是可以访问到更新过的值,绝不会看到旧值。

3)单调读一致性:如果进程已经看到过数据对象的某个值,那么任何后续访问都不会返回在那个值之前的值。

4)会话一致性:它把访问存储系统的进程放到会话(session)的上下文中,只要会话还存在,系统就保证"读已之所写"一致性。如果由于某些失败情形令会话终止,就要建立新的会话,而且系统保证不会延续到新的会话。

5)单调写一致性:系统保证来自同一个进程的写操作顺序执行。系统必须保证这种程度的一致性,否则就非常难编程了。

13.3.3　BASE 理论

对于海量数据的分布式系统,鉴于其高压力和大数据,必须对分区容错性要求高,且还须具备高可用性,可采用 BASE 弱一致性或者最终一致性。而对于很多应用来说,完全牺牲一致性是不可取的,否则数据是混乱的,系统可用性再高,分布式再好也没有了价值。牺牲一致性,只是不再要求关系型数据库中的强一致性。从客户体验出发,最终一致性的关键是时间窗口,尽量达到"用户感知到的一致性"。

Basically Availble(基本可用):指一个分布式系统的一部分发生问题变得不可用时,其他部分仍然可以正常使用,也就是允许分区失败的情形出现。

soft - state(软状态):与"硬状态(hard-state)"相对应的一种提法。数据库保存的数据是"硬状态"时,可以保证数据一致性,即保证数据一直是正确的。"软状态"是指状态可以有一段时间不同步,具有一定的滞后性。

Eventual consistency(最终一致性):允许后续的访问操作可以暂时读不到更新后的数据,但是经过一段时间之后,最终必须读到更新后的数据。

习　题

1.简述 CAP 理论。

2.简述 BASE 的特性。

3.常见的 NoSQL 存储模式有哪些? 给出每种存储模式的代表性产品。

第 14 章　数据库设计

达梦数据库系统仍以 RDBMS 为核心、以 SQL 为标准，所以本章主要讨论基于 RD-BMS 的关系数据库设计问题。

数据库的应用已越来越广泛。拥有一个设计良好的数据库系统，对于小型的单项事务处理系统乃至大型复杂的信息系统都有着重要意义，系统数据的整体性、完整性和共享性都需要数据库系统来进行保证。

14.1　数据库设计概述

什么是数据库设计呢？广义地讲，是数据库及其应用系统的设计，即设计整个的数据库应用系统。狭义地讲，是设计数据库本身，即设计数据库的各级模式并建立数据库，这是数据库应用系统设计的一部分。本书的重点是讲解狭义的数据库设计。当然设计一个好的数据库与设计一个好的数据库应用系统是密不可分的。一个好的数据库结构是应用系统的基础。特别在实际的系统开发项目中两者更是密切相关、并行进行的。

下面给出数据库设计的一般定义。

数据库设计是指对于一个给定的应用环境，构造（设计）优化的数据库逻辑模式和物理结构，并据此建立数据库及其应用系统，使之能够有效地存储和管理数据，满足各种用户的应用需求，包括信息管理要求和数据操作要求。

信息管理要求是指在数据库中应该存储和管理哪些数据对象，数据操作要求是指对数据对象需要进行哪些操作（查询、增、删、改、统计等）。

在满足基本需求的前提下尽可能地提高管理与操作的效率也是数据库设计的目标。数据库数据的存取效率、数据库存储空间的利用率、数据库系统运行管理的效率等指标的高低都与数据库设计的好坏紧密相关。

14.1.1　主要设计方法

数据库设计有着高度的专业性，涉及计算机软硬件、数据库等方面的专业知识，而且数据库归根结底是面向实际业务系统的，所以应用领域的业务知识也需要了解。数据库设计，特别是大型数据库设计是一项涉及多学科的综合性技术，它要求从事数据库设计的专业人员具备多方面的技术和知识。主要包括：

（1）计算机的基础知识；

(2)软件工程的原理和方法；

(3)程序设计的方法和技巧；

(4)数据库的基本知识；

(5)数据库设计技术；

(6)应用领域的知识。

早期数据库设计主要采用手工与经验相结合的方法,设计的质量往往与设计人员的经验与水平有直接的关系,普遍缺乏科学理论和工程方法的支持,设计质量难以保证。为此,人们通过努力探索,提出了各种数据库设计方法。例如:

(1)新奥尔良方法。该方法把数据库设计分为若干阶段和步骤,并采用一些辅助手段实现每一过程。它运用软件工程的思想,按一定的设计规程用工程化方法设计数据库。新奥尔良方法属于规范设计法。规范设计法从本质上看仍然是手工设计方法,其基本思想是过程迭代和逐步求精。

(2)基于 E - R 模型的数据库设计方法。该方法用 E - R 模型来设计数据库的概念模型,是数据库概念设计阶段广泛采用的方法。

(3)3NF(第三范式)的设计方法。该方法以关系数据理论为指导来设计数据库的逻辑模型,是设计关系数据库时在逻辑阶段可以采用的一种有效方法。

(4)ODL(Object Definition Language,目标解释语言)方法。这是面向对象的数据库设计方法。该方法用面向对象的概念和术语来说明数据库结构。ODL 可以描述面向对象数据库结构设计,可以直接转换为面向对象的数据库。

"工欲善其事,必先利其器",通过长期探索,除了总结出上述数据库设计方法外,数据库研究者在数据库设计工具上也取得了不少成果。例如,PowerDesigner 是 SYBASE 公司推出的数据库设计工具软件,它可以辅助设计人员完成数据库设计过程中的很多任务,已经普遍地用于大型数据库设计之中。

14.1.2　规范设计基本步骤

数据库设计总体上仍然按照规范设计法进行组织,分阶段根据需要采用其他各种不同的设计方法。从宏观上,可以将数据库设计分为以下 6 个阶段(见图 14.1)。

1. 需求分析阶段

数据库设计是面向应用的,需求分析是整个设计过程的基础,应该将其作为重中之重来进行处理。如果作为"基础"的需求分析做得不充分不准确,在其之上进行的其他设计工作可能将是徒劳或者粗糙的。

2. 概念结构设计阶段

概念结构设计是整个数据库设计的关键,概念设计需要对上一阶段分析得到的需求项进行综合、归纳与抽象,形成一个独立于具体 DBMS 的概念模型。

3. 逻辑结构设计阶段

逻辑结构设计是将概念结构转换为某个 DBMS 所支持的数据模型,并对其进行优化。

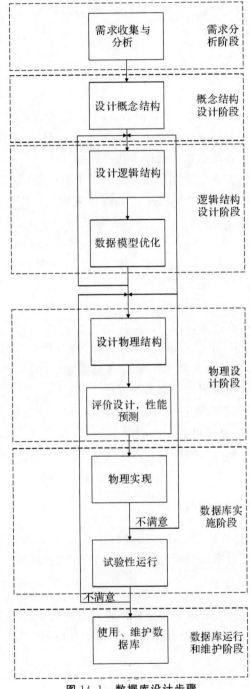

图 14.1　数据库设计步骤

4.物理设计阶段

物理设计是为逻辑数据模型选取一个最适合应用环境的物理结构(包括存储结构和存取方法)。

5.数据库实施阶段

在数据库实施阶段,设计人员运用 DBMS 提供的数据库语言(如 SQL)及其宿主语言,根据逻辑设计和物理设计的结果建立数据库,编制与调试应用程序,组织数据入库,并进行试运行。

6.数据库运行和维护阶段

数据库应用系统经过试运行后即可投入正式运行。在数据库系统运行过程中必须不断地对其进行评价、调整与修改等一系列维护操作。

需要指出的是,设计完善一个数据库应用系统往往需要上述 6 个阶段进行不断迭代。而这个设计步骤既是数据库设计的过程,也包括了数据库应用系统的设计过程。在设计过程中把数据库的设计和对数据库中数据处理的设计紧密结合起来,将这两个方面的需求分析、抽象、设计、实现在各个阶段同时进行,相互参照,相互补充,以完善两方面的设计。

14.1.3　设计过程与数据库模式的对应关系

按照 14.1.2 小节的设计过程,数据库设计的不同阶段形成数据库各级模式。需求分析阶段,分析总结各个用户的应用需求;在概念结构设计阶段形成独立于具体硬件以及具体 DBMS 产品的概念模式,这里使用的是 E-R 图;在逻辑结构设计阶段将 E-R 图转换成具体的数据库产品支持的数据模型,如关系模型,形成数据库逻辑模式;然后根据具体应用要求,在基本表的基础上再建立必要的视图(View),形成数据的外模式;最后在物理设计阶段,根据 DBMS 特点和处理的需要,进行物理存储安排,建立索引,形成数据库内模式。

14.2　需　求　分　析

理论上讲,对于一个简单应用,由理解应用需求的数据库设计者就可以直接决定要构建的关系、关系的属性以及其上的约束。但是,这种直接的设计过程在现实中是不可行的,这是因为实际应用系统通常具有很高的复杂度,通常没有设计者能够自行理解应用的所有数据需求。数据库设计者必须与应用的用户进行交互以理解应用的需求,把它们以用户能够理解的高级别的形式表示出来,这个过程就是需求分析。需求分析是设计数据库的起点,需求分析的结果是否准确地反映了用户的实际要求,将直接影响到后面各个阶段的设计,并影响到设计结果是否合理和实用。

14.2.1　需求分析的内容

需求分析的重点是应用系统所涉及的"数据"和"处理",通过调查、收集与分析,应当获得用户对数据库的如下要求:

(1)信息要求,指用户需要从数据库中获得信息的内容与性质,由信息要求可以导出数据要求,即在数据库中需要存储哪些数据。

(2)处理要求,指用户要完成什么处理功能,对处理的响应时间有什么要求,处理方式是批处理还是联机处理等。

(3)安全性与完整性要求,这一项重要要求常常被忽略,它可能蕴含在用户对信息或者处理的其他要求之中,需要需求分析人员进行提炼。

14.2.2 需求分析的方法

简单来说,进行需求分析主要是一个与用户交流并相互理解的过程,其中需求分析者要发挥积极主动的主导作用。与用户的前期交流可以看作是需求分析者对用户及用户实际需求的调查,调查是需求分析的重点。随后通过分析理解并将需求形式化为用户可以理解的表示,并反馈给用户,得到用户的肯定。这就是需求分析的基本方法。其中,调查用户需求的具体步骤主要包括:

(1)调查组织机构情况,包括了解该组织的部门组成情况、各部门的职责等,为进一步明确子功能需求方以及分析信息流程做准备。

(2)调查各部门的业务活动情况,包括了解各个部门输入和使用什么数据,如何加工处理这些数据,输出什么信息,输出到什么部门,输出结果的格式是什么,这是调查的重点。

(3)在熟悉了业务活动的基础上,协助用户明确对新系统的各种要求。这部分主要包括用户可能不能准确描述的信息要求、处理要求、安全性与完整性要求,这是调查的又一个重点。

(4)确定新系统的边界,确定哪些功能由本系统完成或将来准备让本系统完成,哪些活动由人工完成或由其它计算机系统完成。

根据不同的问题和条件,可以使用不同的调查方法。常用的调查方法有:

(1)跟班作业。通过亲身参加业务工作来了解业务活动的情况。

(2)开调查会。通过与用户座谈了解业务活动情况及用户需求。

(3)请专人介绍。通过与核心业务人员面对面交流,全面了解业务情况。

(4)询问。对某些调查中的问题,可以找专人询问。

(5)设计调查表请用户填写。可以有针对性地进行表格设计,并留给用户充足的时间思考回答。

(6)查阅记录。查阅与原系统有关的数据记录,可以更加真实地了解原系统运行情况。

实际做需求调查时,通常需要同时采用上述多种方法。

在调查过程中,以及后续分析、汇总、反馈阶段,如何对需求进行有效的表示,以方便各方进行交流沟通呢?那就需要使用有关工具了。

进行数据库需求分析的工具主要有数据流图和数据字典,一"动"一"静"两种。下面进行详细介绍。

14.2.3 数据流图

1.基本概念

数据流图(Date Flow Diagram,DFD),也称数据流程图,是一种便于用户理解和分析系统业务模型的图形化工具,它摆脱了具体系统实现技术的束缚。数据流图是数据库设计中一个不可缺少的辅助工具,使用抽象模型的概念,按照软件内部数据传递、变换的关系,自顶向下逐层分解,找到满足功能要求的所有可实现的软件。

数据流图抽象地描述应用系统的业务模型(形式化建模)包含如下方面:①处理环节;②处理流程;③数据传输;④数据输入和输出保存数据。

2. 基本要素

(1)外部对象。外部对象,指与本数据流图中所描述系统或处理模块进行数据交互,但不属于本系统或模块的外部实体,可以是用户或其他系统等(见图 14.2)。

图 14.2　要素示例图(1)

(2)加工处理。如图 14.3 所示,数据流图中的这个符号用来表示对数据进行的加工处理。不管是简单还是复杂的处理都可以用这个符号进行表示。对于复杂的处理,还可以进一步画出该处理内部的数据流图,也就是后面要讲到的分层数据流图。

图 14.3　要素示例图(2)

(3)数据流。用带箭头的连线表示数据的走向。数据流可以从处理流向处理,也可以从处理流进、流出数据存储,还可以从源点流向处理或从处理流向终点(见图 14.4)。

图 14.4　要素示例图(3)

(4)保存文件。如图 14.5 所示,数据流图中的此符号用来表示系统中的内部数据存储。

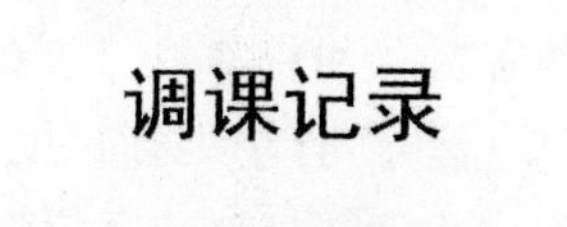

调课记录

图 14.5　要素示例图(4)

3.数据流图的绘制

数据流图是一种能全面地描述信息系统数据动态规则的主要工具,可以用少数几种符号综合地反映出信息在系统中的流动、处理和储存情况,主要有抽象性和概括性等特点。为了描述复杂的软件系统的信息流向和加工,需要采用分层的数据流图来进行描述。分层数据流图一般采用自顶向下、由粗到细的方式进行绘制,即先确定系统的边界或范围,再考虑系统的内部,先画数据处理的输入和输出,再画数据处理内部。具体绘制有以下几个步骤:

(1)从问题描述中取出4种基本组成成分。注意不能混淆数据流与数据处理、数据存储与数据源或终点。

(2)根据(1)的结果画出系统的基本系统流图(顶层图)。这一步主要需要确定系统边界,因为在系统分析初期,系统的功能需求等还不很明确,为了防止遗漏,不妨先将确定的系统边界范围定得大一些。

系统边界确定后,越过边界的数据流就是系统的输入或输出,将输入与输出用数据处理符号连接起来,并加上输入数据来源和输出数据去向就形成了顶层图。

(3)把由(2)得到的基本系统模型细化为系统的功能级数据流图。从系统输入端到输出端,逐步用数据流和数据处理连接起来,当数据流的组成或值发生变化时,就在该处画一个"数据处理"符号。在需要保存数据时还应画上数据存储。

最后检查系统的边界,补上遗漏但有用的输入/输出数据流,删去那些没被系统使用的数据流。

(4)对功能级数据流图中的主要功能进一步细化,直至满意为止。针对每一个数据处理进行分析,若在该数据处理内部还有数据流,则可将该数据处理分成若干个子数据处理,并用一些数据流把子数据处理连接起来。

在绘制数据流图时应注意以下几点:

(1)注意分层数据流图的层次关系,一般应采用逐步细化的方式,先画数据处理的输入和输出,再画数据处理的内部。

(2)保持父图与子图间平衡(Balancing),即子图的输入/输出数据流必须与父图中对应数据处理的输入/输出数据流相同。在以下两种特殊情况下,可以不保持父图与子图的平衡关系:

1)子图的输入/输出流比父图中相应数据处理的输入/输出流表达得更细。

2)忽略枝节性的数据流。

示例:图书预订系统。

在该系统中,书店向顾客发放订单,顾客将所填订单交由系统处理。系统首先依据图书目录对订单进行检查并对合格订单进行处理,对不合格的订单进行退回处理。合格订单在处理过程中根据从订单中提取的顾客情况和订单数目被分为优先订单与正常订单两种,随时处理优先订单,定期处理正常订单(注意,订单处理速度和订单生成速度不一定能匹配)。优先订单和正常订单进行汇总后形成待发送订单。系统将所生成的待发送订单按出版社要求进行排版,并将排版后的订单发送给出版社(见图14.6~图14.8)。

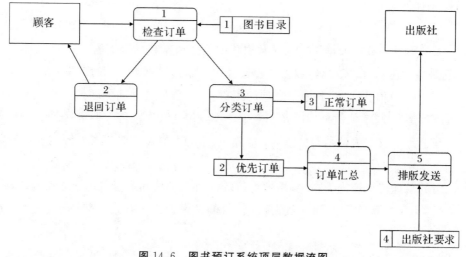

图 14.6　图书预订系统顶层数据流图

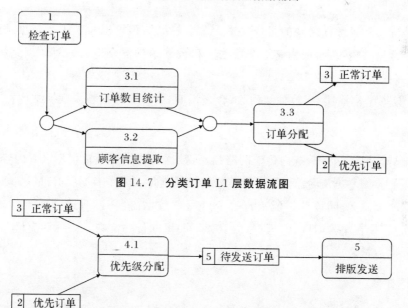

图 14.7　分类订单 L1 层数据流图

图 14.8　订单汇总 L1 层数据流图

14.2.4　数据字典

数据流图表达了数据和处理的关系,数据字典则是系统中各类数据描述的集合,是进行详细的数据收集和数据分析所获得的主要成果。数据字典在数据库设计中占有很重要的地位。

数据字典通常包括数据项、数据结构、数据流、数据存储和处理过程 5 个部分。其中,数据项是数据的最小组成单位,若干个数据项可以组成一个数据结构,数据字典通过对数据项和数据结构的定义来描述数据流、数据存储的逻辑内容。

1. 数据项

数据项是不可再分的数据单位。对数据项的描述通常包括以下内容：

数据项描述＝{数据项名,数据项含义说明,别名,数据类型,长度,取值范围,

取值含义,与其他数据项的逻辑关系,数据项之间的联系}

其中,"取值范围""与其他数据项的逻辑关系"(例如,该数据项等于另几个数据项的和,该数据项值等于另一数据项的值等)定义了数据的完整性约束条件,是设计数据检验功能的依据。

可以用关系规范化理论为指导,用数据依赖的概念分析和表示数据项之间的联系,即按实际语义,写出每个数据项之间的数据依赖,它们是数据库逻辑设计阶段数据模型优化的依据。

2. 数据结构

数据结构反映了数据之间的组合关系。一个数据结构可以由若干个数据项组成,也可以由若干个数据结构组成,或由若干个数据项和数据结构混合组成。对数据结构的描述通常包括以下内容：

数据结构描述＝{数据结构名,含义说明,组成:{数据项或数据结构}}

3. 数据流

数据流是数据结构在系统内传输的路径,对数据流的描述通常包括以下内容：

数据流描述＝{数据流名,简述,数据流来源,数据流向,数据结构,平均流量,高峰期流量}

其中,"数据流来源"说明该数据流来自哪个过程,"数据流向"说明该数据流将到哪个过程去,"平均流量"指在单位时间(每天、每周、每月等)里的传输次数,"高峰期流量"则是指在高峰时期的数据流量。

4. 数据存储

数据存储是数据结构停留或保存的地方,也是数据流的来源和去向之一。它可以是手工文档或手工凭单,也可以是计算机文档。对数据存储的描述通常包括以下内容：

数据存储描述＝{数据存储名,说明,编号,输入的数据流,输出的数据流,

数据结构,数据量,存取频度,存取方式}

其中,"存取频度"指每小时或每天或每周存取几次、每次存取多少数据等信息,"存取方式"包括是批处理还是联机处理、是检索还是更新、是顺序检索还是随机检索等,另外,"输入的数据流"要指出其来源,"输出的数据流"要指出其去向。

5. 处理过程

处理过程的具体处理逻辑一般用判定表或判定树来描述。数据字典中只需要描述处理过程的说明性信息,通常包括以下内容：

处理过程描述＝{处理过程名,说明,输入:{数据流},输出:{数据流},

处理:{简要说明}}。

其中,"简要说明"中主要说明该处理过程的功能及处理要求。功能是指该处理过程用来做什么(而不是怎么做),处理要求包括处理频度要求,如单位时间里处理多少事务、多少数据量、响应时间要求等,这些处理要求是后面物理设计的输入及性能评价的标准。

可见,数据字典是关于数据库中数据的描述,即元数据,而不是数据本身。

数据字典是在需求分析阶段建立,在数据库设计过程中不断修改、充实、完善的。

14.3　概念结构设计

概念结构设计是将需求分析得到的用户需求抽象为信息结构即概念模型的过程。只有将需求分析阶段得到的系统应用需求抽象为数据概念结构,才能更好、更准确地转化为机器世界中的数据模型,并用适当的 DBMS 实现这些需求。一般来说,常使用 E-R 模型来描述现实世界的概念模型。

14.3.1　概念结构设计的方法和步骤

概念结构设计的方法通常有以下 4 种:

(1)自顶向下:首先定义全局概念结构的框架,然后逐步细化。

(2)自底向上:首先定义各局部应用的概念结构,然后将它们集成起来,得到全局概念结构。

(3)逐步扩张:首先定义最重要的核心概念结构,然后向外扩充,以滚雪球的方式逐步生成其他概念结构,直至总体概念结构。

(4)混合策略:将自顶向下和自底向上的方法相结合,用自顶向下策略设计一个全局概念结构的框架,以它为框架自底向上设计各局部概念结构。

其中最常采用的策略是混合策略,即自顶向下进行需求分析,然后再自底向上设计概念结构。按照自顶向下分析需求与自底向上设计概念结构的方法,概念结构的设计可分为以下两步:

(1)进行数据抽象,设计局部 E-R 模型。

(2)集成各局部 E-R 模型,形成全局 E-R 模型。

14.3.2　E-R 图

E-R 模型,顾名思义,就是用来描述现实世界中实体及其属性以及各实体间关系的概念模型,而 E-R 模型的外在表现形式就是 E-R 图。E-R 图提供了表示实体型、属性和联系的表示方法。

(1)实体型用矩形表示,矩形框内写明实体名。

(2)属性用椭圆形表示,并用无向边将其与相应的实体型联系起来。

(3)联系用棱形表示,棱形框内写明联系名,并用无向边分别于有关实体型连接起来,同时在无向边旁标上联系的类型(1∶1、1∶n 或 $m∶n$)。

若一个联系具有属性,则这些属性也要用无向边与该联系连接起来。

E-R 图示例见图 14.9。

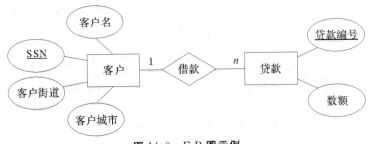

图 14.9　E-R 图示例

14.3.3　局部 E-R 模型设计

设计局部 E-R 图首先需要根据系统的具体情况,在多层的数据流图中选择一个适当层次的数据流图,让这组图中的每一部分对应一个局部应用,然后以这一层次的数据流图为出发点,设计分 E-R 图。一般选择中层数据流图作为设计分 E-R 图的依据比较合适,因为高层数据流图只能反映系统的概貌,而低层数据流图过于细节,中层数据流图则能较好地反映系统中各局部应用的子系统组成。选择好适当层次的数据流图后,将各局部应用设计的数据分别从数据字典中取出,参照数据流图,确定各局部应用中的实体、实体的属性,并标识实体的码、实体之间的联系及其类型(1∶1、1∶n、$m∶n$)。

在绘制 E-R 图时,关系容易梳理,但实体与属性则较难以辨析,因为实际上实体和属性是相对而言的。同一事物在一种应用环境中作为"属性",在另一种应用环境中就有可能作为"实体"。为了解决这个问题,应当遵循两条基本准则:

(1)属性必须是不可分的数据项,不能再由另一些属性组成。

(2)属性不能与其他实体具有联系。联系只发生在实体之间。

14.3.4　全局 E-R 模型设计

如果要形成整个系统的概念模型,那么在各个局部应用的 E-R 图建立好后,还需要将它们合并,集成为一个整体的概念数据结构,即全局 E-R 图。合并集成主要有两种方法:

(1)多元集成法:也叫作一次集成,是指一次性将多个局部 E-R 图合并为一个全局 E-R 图。

(2)二元集成法:也叫作逐步集成,首先集成两个重要的局部 E-R 图,然后用累加的方法逐步将一个新的 E-R 图集成起来。

在实际应用中,可以根据系统复杂性选择这两种方案。如果局部图比较简单,可以采用一次集成法。在一般情况下,采用逐步集成法,即每次只选择两个图进行组合,这样可降低难度。无论使用哪一种方法,E-R 图集成均分为两个步骤:

(1)合并:消除各局部 E-R 图之间的冲突,生成初步 E-R 图。

(2)优化:消除不必要的冗余,生成基本 E-R 图。

在第一步中,需要将所有的局部 E-R 图综合成全局概念结构。在这个全局概念结构中,不仅要支持所有的局部 E-R 模型,而且必须合理地标识一个完整、一致的数据库概念结构。

在这一步中主要面临的问题是合并时产生的冲突。因为各个局部应用面向的问题不同,描述的角度和侧重点可能各有不同,所以各局部 E-R 图不可避免地会有不一致的地方。因此当合并局部 E-R 图时,一个重要且必须的工作就是消除各个局部 E-R 图中的不一致,使合并后的全局概念结构不仅支持所有的局部 E-R 模型,而且必须是一个能为全系统中所有用户共同理解和接受的统一的概念模型。

E-R 图中的冲突有 3 种:属性冲突、命名冲突和结构冲突。下面依次进行介绍。

1.属性冲突

(1)属性值域冲突,即属性值的类型、取值范围或取值集合不同。

(2)属性的取值单位冲突。

属性冲突通常使用讨论、协商等行政手段加以解决。

2.命名冲突

命名不一致可能发生在实体名、属性名或联系名之间,其中属性的命名冲突最常见。一般表现为两种情况:

(1)同名异义:同一名字的对象在不同的局部应用中具有不同的意义。

(2)异名同义:同一意义的对象在不同的局部应用中具有不同的名称。

命名冲突也通常使用讨论、协商等行政手段加以解决。

3.结构冲突

(1)同一对象在不同应用中具有不同的抽象。

产生原因:不同应用中对同一对象进行了不同的定义与抽象,例如,在某一局部应用中某一对象被当作实体,在另一局部应用中又被当作属性。

解决方法:通常是把属性变换为实体或把实体变换为属性,使同一对象具有相同的抽象。变换时要遵循两个准则。

(2)同一实体在不同局部应用中所包含的属性不完全相同,或者属性的排列次序不完全相同。

产生原因:不同的局部应用关心的是该实体的不同侧面。

解决方法:使该实体的属性取各分 E-R 图中属性的并集,再适当设计属性的次序。

(3)实体之间的联系在不同局部应用中呈现不同的类型。

产生原因:因为局部应用的涉及的场景或侧重不同,导致实体间体现的联系种类不相同,例如在不同局部应用中,相同实体间一个是多对多联系,而另一个是一对多联系。

解决方法:根据应用语义对实体联系的类型进行综合或调整。

在集成全局 E-R 模型的第二步中,主要解决在初步 E-R 图中可能存在的冗余的数据和冗余的实体之间的联系。冗余的数据是指可由基本数据导出的数据,冗余的联系是指可由其他的联系导出的联系。冗余的存在容易破坏数据库的完整性,给数据库的维护增加困难,应该消除。当然,不是所有的冗余数据和冗余联系都必须消除,有时为了提高某些应用的效率,不得不以冗余信息作为代价。设计数据库概念模型时,哪些冗余信息必须消除,哪些冗余信息允许存在,需要根据用户的整体需求来确定。把消除了冗余的初步 E-R 图称为基本 E-R 图。

通常采用分析方法和规范化理论来消除冗余。利用分析方法,以数据字典和数据流图为依据,根据数据字典中关于数据项之间逻辑关系的说明来消除冗余。规范化理论则利用函数依赖的概念提供了消除冗余联系的形式化工具。

最后需要注意的是,在模型集成后形成一个整体的数据库概念结构时,还需要对该整体概念结构进行进一步验证,确保它能够满足下列条件:

(1)整体概念结构内部必须具有一致性,不存在互相矛盾的表达。

(2)整体概念结构能准确地反映原来的每个视图结构,包括属性、实体及实体间的联系。

(3)整体概念结构能满足需求分析阶段所确定的所有要求。

此外,得到的整体概念结构最终还应该提交给用户,征求用户和有关人员的意见,进行评审、修改和优化,然后把它确定下来,作为数据库的概念结构,作为进一步设计数据库的依据。

14.4 逻辑结构设计

概念结构是独立于任何一种数据模型的信息结构。逻辑结构设计的任务就是把概念结构设计阶段设计好的基本 E-R 图转换为与选用 DBMS 产品所支持的数据模型相符合的逻辑结构。

设计逻辑结构时一般要分 3 步进行:

(1)将概念结构转换为一般的关系、网状、层次模型;

(2)将转换来的关系、网状、层次模型向特定 DBMS 支持下的数据模型转换;

(3)对数据模型进行优化。

目前新设计的数据库应用系统大都采用支持关系数据模型的 RDBMS,所以这里主要介绍 E-R 图向关系数据模型的转换原则与方法。

14.4.1 E-R 图向关系模型的转换

1. 转换内容

关系模型的逻辑结构是一组关系模式的集合。E-R 图是由实体型、实体的属性和实体型之间的联系 3 个要素组成的,所以 E-R 图向关系模型的转换要解决的问题就是如何将实体型和实体间的联系转换为关系模式,其中主要是如何确定这些关系模式的属性和码。

关系模式的一般形式:

关系模式名(属性名 1,属性名 2,…,属性名 N)

其中,添加下画线的属性即为该关系模式的码。例如:

学生(<u>学号</u>,姓名,出生日期,所在系,年级,平均成绩)

2. 转换原则

在进行 E-R 图到关系模式的转换时,一般遵循 7 个原则,下面依次介绍。

(1)一个实体型转换为一个关系模式。

关系的属性:实体型的属性。

关系的码:实体型的码。

例如,订单实体可以转换为图 14.10 所示的关系模式:订单(<u>订单号</u>,订货时间,订货方)。

图 14.10　订单 E-R 图

(2)一个 $m:n$ 联系转换为一个关系模式。

关系的属性:与该联系相连的各实体的码以及联系本身的属性。

关系的码:各实体码的组合。

例如,"组单"联系是一个 $m:n$ 联系,可以将它转换为图 14.11 所示的关系模式,其中订单号与货品类别号为关系的组合码:组单(<u>订单号</u>,<u>货品类别号</u>,货品数量)

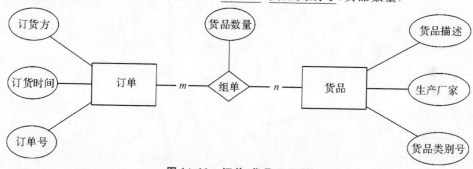

图 14.11　订单-货品 E-R 图

(3)一个 $1:n$ 联系可以转换为一个独立的关系模式,也可以与 n 端对应的关系模式合并。

1)转换为一个独立的关系模式。

关系的属性:与该联系相连的各实体的码以及联系本身的属性。

关系的码:n 端实体的码。

例如,"下单"联系为 $1:n$ 联系,使其成为一个独立的关系模式:

$$下单(\underline{法人名称},\underline{订单号},下单时间,下单方式)$$

2)与 n 端对应的关系模式合并(可以减少系统中的关系个数,一般情况下更倾向于采用这种方法)。

合并后关系的属性:在 n 端关系中加入 1 端关系的码和联系本身的属性。

合并后关系的码：不变。

例如，仍然是上述"下单"联系，将其与"订单"关系模式合并（见图 14.12）：

订单(<u>订单号</u>,订货时间,货品明细,订货方法人名称,下单时间,下单方式)

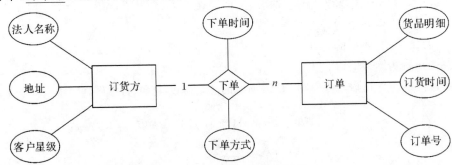

图 14.12　订货方-订单 E-R 图

(4)一个 1∶1 联系可以转换为一个独立的关系模式，也可以与任意一端对应的关系模式合并。

1)转换为一个独立的关系模式。

关系的属性：与该联系相连的各实体的码以及联系本身的属性。

关系的候选码：每个实体的码均是该关系的候选码。

例如，"管理"联系为 1∶1 联系，使其成为一个独立的关系模式（见图 14.13）：

管理(职工号,<u>仓号</u>,到任时间)

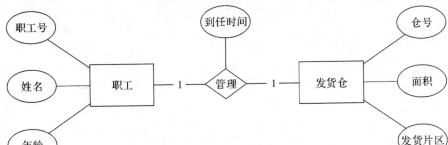

图 14.13　职工-发货仓 E-R 图

2)与某一端对应的关系模式合并。

合并后关系的属性：加入对应关系的码和联系本身的属性。

合并后关系的码：不变。

例如，仍然是上述"管理"联系，选择一个与其联系的实体如"发货仓"进行合并，只需在发货仓关系中加入职工关系的码，即职工号：

发货仓(<u>仓号</u>,面积,发货片区,管理员职工号)

值得注意的是，虽然从理论上讲，1∶1 联系可以与任意一端对应的关系模式合并，但在一些情况下，与不同的关系模式合并效率会大不一样。由于连接操作是最费时的操作，所以一般应以尽量减少连接操作为目标。例如，如果经常要查询某个发货仓的管理员姓名，则将管理联系与发货仓关系合并更好些。

(5)3 个或 3 个以上实体间的一个多元联系转换为一个关系模式。

关系的属性:与该多元联系相连的各实体的码以及联系本身的属性。

关系的码:各实体码的组合。

(6)同一实体集的实体间的联系,即自联系,也可按上述 $1:1$、$1:n$ 和 $m:n$ 三种情况分别处理。

(7)具有相同码的关系模式可合并。

关系的属性:将其中一个关系模式的全部属性加入到另一个关系模式中,然后去掉其中的同义属性(可能同名也可能不同名),并适当调整属性的次序。

关系的码:原关系的码。

一般的数据模型还需要向特定 DBMS 规定的模型进行转换。转换的主要依据是所选用的 DBMS 的功能及限制,没有通用规则。对于关系模型来说,这种转换通常都比较简单。

14.4.2　数据模型的优化

在完成数据库逻辑模型的初步设计后,为了进一步提高数据库应用系统的性能,还应该根据应用需要适当地修改、调整数据模型的结构,这就是数据模型的优化。关系数据模型的优化通常以规范化理论为指导,方法如下:

(1)确定数据依赖。按需求分析阶段所得到的语义,分别写出每个关系模式内部各属性之间的数据依赖以及不同关系模式属性之间的数据依赖。

(2)对于各个关系模式之间的数据依赖进行极小化处理,消除冗余的联系。

(3)按照数据依赖的理论对关系模式逐一进行分析,考查是否存在部分函数依赖、传递函数依赖、多值依赖等,确定各关系模式分别属于第几范式。

(4)按照需求分析阶段得到的各种应用对数据处理的要求,分析对于这样的应用环境这些模式是否合适,确定是否要对它们进行合并或分解。

并不是规范化程度越高的关系就越优。连接运算的代价是相当高的,可以说,关系模型低效的主要原因就是做连接运算引起的。因此,在这种情况下,第二范式甚至第一范式也许是最好的。非 BCNF 的关系模式虽然从理论上分析会存在不同程度的更新异常,但如果在实际应用中对此关系模式只是查询,并不执行更新操作,就不会产生实际影响。对于一个具体应用来说,到底规范化进行到什么程度,需要权衡响应时间和潜在问题两者的利弊才能决定。一般说来,第三范式就足够了。

(5)按照需求分析阶段得到的各种应用对数据处理的要求,对关系模式进行必要的分解或合并,以提高数据操作的效率和存储空间的利用率

常用分解方法又分水平分解、垂直分解两种,下面分别介绍。

(1)水平分解。水平分解是把(基本)关系的元组分为若干子集合,定义每个子集合为一个子关系,以提高系统的效率。

水平分解主要适用于满足"80/20 原则"的应用和并发事务经常存取不相交的数据。

所谓"80/20 原则",是指一个大关系中,经常被使用的数据只是关系的一部分,约 20%,把经常使用的数据分解出来,形成一个子关系,就可以减少查询的数据量。

如果关系 R 上具有 n 个事务,而且多数事务存取的数据不相交,那么也可以进行水平分解,将 R 分解为少于或等于 n 个子关系,使每个事务存取的数据对应一个关系。

(2)垂直分解。垂直分解是把关系模式 R 的属性分解为若干子集合,形成若干子关系模式。

垂直分解一般遵循如下的原则:把经常在一起使用的属性从 R 中分解出来形成一个子关系模式。

通过垂直分解可以提高某些事务的效率,但也可能使另一些事务不得不执行连接操作,从而降低了效率。

是否执行垂直分解取决于分解后 R 上的所有事务的总效率是否得到了提高。

需要注意的是,垂直分解必须保持无损连接性和函数依赖。

14.4.3 设计用户子模式

将概念模型转换为全局逻辑模型后,还应该根据局部应用需求,结合具体 DBMS 的特点,设计用户的外模式。RDBMS 一般都提供了视图(View)概念来构建用户的外模式。

定义数据库全局模式主要从系统的时间效率、空间效率、易维护等角度出发。由于用户外模式与模式是相对独立的,因此在定义用户外模式时可以注重考虑用户的习惯与方便。

(1)使用别名。可以使用视图机制重新定义某些属性名(增加别名),使其与用户习惯一致,以方便使用。

(2)面向用户权限级别构建不同视图。通过对不同权限级别用户构建不同视图,可以防止用户非法访问本来不允许他们查询的数据,保证系统的安全性。

(3)简化查询。如果某些局部应用中经常要使用某些很复杂的查询,为了方便用户,可以将这些复杂查询定义为视图,用户每次只对定义好的视图进行查询,大大简化用户的使用。

14.5 数据库的物理设计

数据库在物理设备上的存储结构与存取方法称为数据库的物理结构,它依赖于给定的计算机系统。为一个给定的逻辑数据模型选取一个最适合应用环境的物理结构的过程,就是数据库的物理设计。

通常在完成数据库初步的物理设计后,还需要对物理结构进行评价,评价的重点是时间和空间效率。评价结果满足原设计要求,才可进入到物理实施阶段,否则就需要修改物理结构设计,甚至修改逻辑结构设计。

14.5.1 数据库物理设计的内容和原则

不同的数据库产品所提供的物理环境、存取方法和存储结构有很大差别,能供设计人员使用的设计变量、参数范围也很不相同,因此没有通用的物理设计方法可遵循,只能给出一般的设计内容和原则。

1.设计物理数据库结构的准备工作

(1)充分了解应用环境,详细分析要运行的事务,以获得选择物理数据库设计所需参数。

(2)充分了解所用 RDBMS 的内部特征,特别是系统提供的存取方法和存储结构。

2.选择物理数据库设计所需参数

(1)数据库查询事务。

1)查询的关系;

2)查询条件所涉及的属性;

3)连接条件所涉及的属性;

4)查询的投影属性。

(2)数据更新事务。

1)被更新的关系;

2)每个关系上的更新操作条件所涉及的属性;

3)修改操作要改变的属性值。

(3)每个事务在各关系上运行的频率和性能要求。例如,事务 T 必须在 10 s 内结束,这对于存取方法的选择具有重大影响。

应注意的是,数据库上运行的事务会不断变化、增加或减少,以后需要根据上述设计信息的变化调整数据库的物理结构。

通常关系数据库物理设计的内容主要包括:

(1)为关系模式选择存取方法(建立存取路径);

(2)设计关系、索引等数据库文件的物理存储结构。

14.5.2　关系模式存取方法选择

关系数据库物理设计的第一个内容就是要确定选择哪些存取方法,即建立哪些存取路径。

存取方法是快速存取数据库中数据的技术。常用的存取方法有三类。第一类是索引方法,目前主要是 B+树索引方法;第二类是聚簇(Cluster)方法;第三类是 HASH 方法。其中索引方法使用最为普遍。

1.索引存取方法

(1)选择索引存取方法的主要内容(根据应用要求确定):

1)对哪些属性列建立索引;

2)对哪些属性列建立组合索引;

3)对哪些索引要设计为唯一索引。

(2)选择索引存取方法的一般规则:

1)若一个(或一组)属性经常在查询条件中出现,则考虑在这个(或这组)属性上建立索引(或组合索引);

2)若一个属性经常作为最大值和最小值等聚集函数的参数,则考虑在这个属性上建立索引;

3)若一个(或一组)属性经常在连接操作的连接条件中出现,则考虑在这个(或这组)属性上建立索引。

但是,关系上定义的索引数并不是越多越好,系统维护索引、查找索引都会产生开销。因此,如果一个关系的更新频率很高,这个关系上定义的索引数就不能太多。因为更新一个关系时,必须对这个关系上有关的索引做相应的修改。关系上定义的索引数过多会带来较多的额外开销

2. 聚簇存取方法

为了提高某个属性(或属性组)的查询速度,把这个或这些属性(称为聚簇码)上具有相同值的元组集中存放在连续的物理块的过程称为聚簇。常见的许多 RDBMS 都提供了聚簇功能。

(1)聚簇存取的作用。

1)可以大幅提高按聚簇属性进行查询的效率。按照聚簇查询具有相应属性值的元组,由于它们存储在同一片连续的物理空间,所以避免了多次寻址多次 I/O 操作,提高了查询的效率。

2)节省存储空间。聚簇以后,聚簇码相同的元组集中在一起了,因而聚簇码值不必在每个元组中重复存储,只要在一组中存一次就行了。

(2)聚簇的局限性。虽然聚簇有着上述的优良特性,但也存在着使用的局限。

1)聚簇只能提高某些特定应用的性能。聚簇比较适用于对同一属性值元组进行批量查询的场景,若是对同属性值的元组进行分别查询,则其对于性能的提升作用将无法显现。

2)建立与维护聚簇的开销相当大。这种开销主要体现在以下两种情况:一是在对已有关系建立聚簇时将导致关系中元组移动其物理存储位置,使得必须重建索引;二是当一个元组的聚簇码改变时,该元组的存储位置也要做相应移动。

(3)聚簇的适用范围。

1)聚簇既适用于单个关系独立聚簇,也适用于多个关系组合聚簇。对于需要频繁进行连接的多个关系,为提高连接操作的效率,可以把具有相同键值的元组在物理上聚簇在一起,形成"预连接",从而大大提高连接操作的效率。

2)当该关系主要应用聚簇码进行访问或连接,而与聚簇码无关的其他访问很少或者是次要时,可以使用聚簇。尤其当 SQL 语句中包含有与聚簇码有关的 ORDER BY、GROUP BY、UNION、DISTINCT 等子句或短语时,使用聚簇特别有利,可以省去对结果集的排序操作。

(4)选择聚簇存取的方法。选择聚簇存取,一般按照如下两个步骤进行。

1)设计候选聚簇。设计候选聚簇的原则:

·对经常在一起进行连接操作的关系可以建立组合聚簇;

·若一个关系的一组属性经常出现在相等比较条件中,则此单个关系可建立聚簇;

·若一个关系的一个(或一组)属性上的值重复率很高,则此单个关系可建立聚簇。

2)检查候选聚簇中的关系,取消其中不必要的关系。

·从独立聚簇中删除经常进行全表扫描的关系,这种情况下聚簇效果不明显;

·从独立/组合聚簇中删除更新操作远多于查询操作的关系,这种情况下聚簇维护成本过高;

·从独立/组合聚簇中删除重复出现的关系;

·当一个关系同时加入多个聚簇时,必须从这多个聚簇方案(包括不建立聚簇)中选择一个较优的,即在这个聚簇上运行各种事务的总代价最小。

3. HASH 存取方法的选择

除了上述两种关系模式存取方法外,还可以选择 HASH 存取方法。如果一个关系的属性主要出现在等值连接条件中或主要出现在相等比较选择条件中,而且满足下列两个条件之一,那么此关系可以选择 HASH 存取方法。

(1)该关系的大小可预知,且不变;

(2)该关系的大小改变,但所选用的 DBMS 提供了动态 HASH 存取方法。

14.5.3　确定数据库的存储结构

1. 确定数据库物理结构的内容

完成关系模式存取方法的选择后,就需要进一步确定数据库物理结构的具体内容,包括:

(1)确定关系、索引、聚簇、日志、备份等数据的存放位置和存储结构。

(2)确定数据库系统配置。

2. 影响数据存放位置和存储结构的因素

在进行数据物理结构安排时,主要需要考虑如下两方面的影响:

(1)硬件环境。

(2)应用需求。应用需求包括如下三方面:

1)存取时间;

2)存储空间利用率;

3)维护代价。

这三方面的应用需求常常是相互矛盾的,例如消除冗余数据虽能够节约存储空间和减少维护代价,但往往会导致检索开销的增加。因此在进行应用需求方面的考量时必须进行空间、时间和人力代价的权衡。

3.确定数据存放位置的基本原则

基于上述影响因素的考量,可以得到如下的设计原则。

(1)根据应用情况将易变部分与稳定部分、存取频率较高部分与存取频率较低部分分开存放;

(2)仔细了解给定的 RDBMS 提供的方法和参数,针对应用环境的要求,对数据进行适当的物理安排。

4.确定系统配置

DBMS 产品一般都提供了部分系统变量、存储分配参数的配置功能,供设计人员和维护人员对数据库进行物理优化。这些参数主要包括:

(1)同时使用数据库的用户数;

(2)同时打开的数据库对象数;

(3)使用的缓冲区长度、个数;

(4)时间片大小;

(5)数据库的大小;

(6)装填因子;

(7)锁的数目。

DBMS 一般都为这些参数赋予了合理的缺省值。但是这些值不一定适合每一种应用场景,所以在进行物理设计时,需要根据应用环境和应用需求优化这些参数值,以提高数据库系统性能。

需要提醒的是,物理设计中的这些工作并不是一劳永逸的,在数据库投入运行后,根据数据与应用的变化,仍需要维护人员对数据库的配置参数甚至存取方法等进行动态调整,以确保系统以最优状态持续运行。

14.5.4 评价物理结构

数据库物理设计过程中需要全面考虑用户应用需求和各项开销,由此形成多个候选设计方案,数据库设计人员再对这些方案进行细致的评价,从中选择一个较优的方案作为数据库的物理结构。

进行数据库物理设计方案的评价,一般遵循如下步骤进行。

(1)根据以下三个指标定量估算各方案:

1)存储空间;

2)存取时间;

3)维护代价。

（2）对估算结果进行权衡、比较，选择出一个较优的合理的物理结构。如果该结构不符合用户需求，则修改设计，重新进行评价。

习　　题

1.请描述数据库设计的几个步骤，并列出每个步骤的输出成果。

2.在关系数据库设计中，为什么我们有可能会选择非 BCNF 设计？

3.假设有两个实体"房屋中介"和"房主"，他们是多对多的联系。请设计适当的属性，画出 E-R 图，再将其转换为关系模型（包括关系名、属性名、码和完整性约束条件）。

参考文献

[1] 戴特.数据库设计与关系理论[M].南京:东南大学出版社,2013.

[2] 柳俊,周苏.大数据存储:从 SQL 到 NoSQL[M].北京:清华大学出版社,2021.

[3] 侯宾.NoSQL 数据库原理[M].北京:人民邮电出版社,2018.

[4] 苏利文.NoSQL 实践指南:基本原则、设计准则及实用技巧[M].北京:机械工业出版社,2016.

[5] 王能斌.数据库系统教程[M].北京:电子工业出版社,2002.

[6] 王珊,萨师煊.数据库系统概论[M].北京:高等教育出版社,2019.

[7] 赵明渊.数据库原理及应用[M].北京:电子工业出版社,2019.

[8] 李爽英,王丽芳,李欣然,等.数据库原理及应用[M].北京:清华大学出版社,2013.

[9] 王珊,李胜恩.数据库基础与应用[M].北京:人民邮电出版社,2016.

[10] 詹英,林苏.数据库技术与应用:SQL Server 2012 教程[M].北京:清华大学出版社,2014.

[11] 朱明东,张胜.达梦数据库应用基础[M].北京:国防工业出版社,2019.

[12] SILBERSCHATZ A,KORTH H F,SUDARSHAN S,等.数据库系统概念[M].北京:机械工业出版社,2008.

[13] 武汉达梦数据库有限公司.达梦大型通用数据库管理系统[EB/OL].[2002-04-10]. https://www.dameng.com/.